高职高专教育"十一五"规划教材

园林制图习题集

常会宁　主编

中国农业大学出版社

编写人员

主　编　常会宁　辽宁农业职业技术学院

副主编　韩亚利　河北政法职业学院

　　　　武　新　辽宁农业职业技术学院

参　编　肖和忠　河北科技师范学院

　　　　卢伟娜　河南农业职业学院

　　　　徐国柱　黑龙江生态工程职业学院

　　　　胡江川　廊坊职业技术学院

　　　　韩学影　辽宁农业职业技术学院

　　　　邱李梅　黑龙江生物科技职业学院

主　审　张树宝　黑龙江林业职业技术学院

参加植物生产类教材编写的单位

（按拼音排序）

北京农业职业学院
北京园林学校
滨州职业学院
沧州职业技术学院
巢湖职业技术学院
重庆三峡职业学院
福建农业职业技术学院
甘肃农业职业技术学院
广东轻工职业技术学院
广西农业职业技术学院
广西生态工程职业技术学院
广西职业技术学院
杭州职业技术学院
河北科技师范学院
河北旅游职业学院
河北农业大学
河北政法职业学院
河南农业职业学院
黑龙江林业职业技术学院
黑龙江农垦林业职业技术学院
黑龙江农垦农业职业技术学院
黑龙江农业工程职业学院
黑龙江农业经济职业学院
黑龙江农业职业技术学院
黑龙江生态工程职业学院
黑龙江生物科技职业学院
湖北生态工程职业技术学院
湖北大学知行学院
湖南环境生物职业技术学院
华南热带农业大学
吉林农业大学高职高专学院
佳木斯大学
嘉兴职业技术学院
江苏农林职业技术学院
江西农业工程职业学院
康定民族师范高等专科学校
廊坊职业技术学院
丽水职业技术学院
辽东学院
辽宁农业职业技术学院
辽宁商贸职业学院
辽宁职业学院
辽阳职业技术学院
临沂师范学院
南昌工程学院
南通农业职业技术学院
宁夏职业技术学院
青海畜牧兽医职业技术学院
山东滨州职业学院
山东省济南卫生学校
山西林业职业技术学院
山西临汾职业技术学院
商丘职业技术学院
沈阳农业大学高职高专学院
苏州农业职业学院
台州科技职业学院
唐山职业技术学院
天津农学院职业技术学院
潍坊市园林管理局
潍坊职业学院
新疆农业职业技术学院
信刚农业高等专科学校
杨凌职业技术学院
宜宾职业技术学院
永州职业技术学院
云南林业职业技术学院
云南农业职业技术学院
郑州牧业工程高等专科学校

出版说明

高等职业教育作为高等教育中的一个类型，肩负着培养面向生产、建设、服务和管理第一线需要的高技能人才的使命。大力提高人才培养的质量，增强人才对于就业岗位的适应性已成为高等职业教育自身发展的迫切需要。教材作为教学和课程建设的重要支撑，对于人才培养质量的影响极为深远。随着高等农业职业教育发展和改革的不断深入，各职业院校对于教材适用性的要求也越来越高。中国农业大学出版社长期致力于高等农业教育本科教材的出版，在高等农业教育领域发挥着重要的作用，积累了丰富的经验，希望充分利用自身的资源和优势，为我国高等职业教育的改革与发展做出自己的贡献。

经过深入调研和分析以往教材的优点与不足，在教育部高教司高职高专处和全国高职高专农林牧渔类专业教学指导委员会的关心和指导下，在各高职高专院校的大力支持下，中国农业大学出版社先后与100余所院校开展了合作，共同组织编写了一系列以“十一五”国家级规划教材为主体的、符合新时代高职高专教育人才培养要求的教材。这些教材从2007年3月开始陆续出版，涉及畜牧兽医类、食品类、农业技术类、生物技术类、制药技术类、财经大类和公共基础课等的100多个品种，其中普通高等教育“十一五”国家级规划教材22种。

这些教材的组织和编写具有以下特点：

精心组织参编院校和作者。每批教材的组织都经过以下步骤：首先，征集相关院校教师的申报材料。全国100余所高职高专院校的千余名教师给予了我们积极的反馈。然后，经由高职高专院校和出版社的专家组成的选题委员会的慎重审议，充分考虑不同院校的办学特色、专业优势、地域特点及教学改革进程，确定参加编写的主要院校。最后，根据申报教师提交的编写大纲、编写思路和样章，结合教师的学习培训背景、教学与科研经验和生产实践经历，遴选优秀骨干教师组建编写团队。其中，教授和副教授及有硕士以上学历的占70%。特别值得一提的是，有5%的作者是来自企业生产第一线的技术人员。

贴近国家高职教育改革的要求。我国的高等职业教育发展历史不长，很多院校的办学模式和教学理念还在探索之中。为了更好地促进教师了解和领会教育部的教学改革精神，体现基于职业岗位分析和具体工作过程的课程设计理念，以真实工作任务或社会产品为载体组织教材内容，推进适应“工学结合”人才培养模式的课程教材的编写出版，在每次编写研讨会上都邀请了教育部高教司高职高专处、全国高职高专农林牧渔类专业教学指导委员会的领导作教学改革的报告；多次邀请教育部职业教育研究所的知名专家到会，专门就课程设置和教材的体系建构作专题报告，使教材的编写视角高、理念新、有前瞻性。

注重反映教学改革的成果。教材应该不断创新，与时俱进。好的教材应该及时体现教学改革的成果，同时也是教育教学改革的重要推进器。这些教材在组织过程中特别注重发掘各校在产学结合、工学交替实践中具有创新性的教材素材，在围绕就业岗位需要进行知识的整合、与实际生产过程的接轨上具有创新性和非常鲜明的特色，相信对于其他院校的教学改革会有启发和借鉴意义。

瞄准就业岗位群需要，突出职业能力的培养。这些教材的编写指导思想是紧扣培养“高技能人才”的目标，以职业能力培养为本位，以实践技能培养为中心，体现就业和发展需求相结合的理念。

教材体系的构建依照职业教育的“工作过程导向”原则，打破学科的“系统性”和“完整性”。内容根据职业岗位（群）的任职要求，参照相关的职业资格标准，采用倒推法确定，即剖析职业岗位群对专业能力和技能的需求——►关键能力——►关键技能——►围绕技能的关键基本理论。删除假设推论，减少原理论证，尽可能多地采用生产实际中的案例剖析问题，加强与实际工作的接轨。教材反映行业中正在应用的新技术、新方法，体现实用性与先进性的结合。

创新体例，增强启发性。为了强化学习效果，在每章前面提出本章的知识目标和技能目标。有的每章设有小结和复习思考题。小结采用树状结构，将主要的知识点及其之间的关联直观表达出来，有利于提高学生的学习效果和效率，也方便教师课堂总结。部分内容增编阅读材料。

加强审稿，企业与行业专家相结合，严把质量关。从选题策划阶段就邀请行内专家把关，由来自于企业、高职院校或中国农业大学有丰富生产实践经验的教授审核编写大纲，并对后期书稿进行严格审定。每一种教材都经过作者与审稿人的多次的交流和修改，从而保证内容的科学性、先进性和对于岗位的适应性。

这些教材的顺利出版，是全国100余所高职高专院校共同努力的结果。编写出版过程中所做的很多探索，为进一步进行教材研发提供了宝贵的经验。我们希望以此为基点，进一步加强与各校的交流合作，配合各校教学改革，在教材的推广使用、修订完善、补充扩展进程中，在提高质量和增加品种的过程中，不断拓展教材合作研发的思路，创新教材开发的模式和服务方式。让我们共同努力，携手并进，为深化高职高专教育教学改革和提高人才培养质量，培养国家需要的各行各业高素质技能型专门人才，发挥积极的推动作用。

中国农业大学出版社

2008年6月

内容提要

本书是高职高专教育“十一五”规划教材《园林制图》(中国农业大学出版社出版)的配套用书。

本书根据高职高专教育特点，结合作者多年的教学改革成果和《园林制图》课程的基本教学要求编写。全书包含园林识图、基本绘图方法和专业制图技能训练方面的内容，吸收了一些园林和工程设计制图方面的最新案例，内容丰富，循序渐进，实例典型。通过大量的实际案例认识，学生能轻松入门，熟练掌握园林设计方案和园林工程施工图的绘制方法，可迅速提高岗位能力。

本书可作为高职高专院校、本科院校开办的职业技术学院园林专业及相关专业教材，也可作为五年制高职、成人教育园林及相关专业教材，也可供从事园林规划设计、园林工程施工的技术人员参考。

前　言

随着我国经济、社会的快速发展，在各级政府的推动下，高职高专教育以服务为宗旨，以就业为导向，走产、学、研结合的道路，进入了高速、健康发展阶段。同时各级各类企业对高技能型人才的需求也在增大，并对高技能型人才提出了更具体的要求。在这样的背景下，高职高专教育教学改革进入了课程建设层面。而教材建设是课程改革的重要内容，也是反映教学改革成果的窗口。根据教育部《关于加强高职高专教育教材建设的若干意见》的有关精神，按照培养高技能型园林人才的具体要求，《园林制图习题集》的编写以实用为原则，以识图、基本绘图方法和专业制图能力训练为主线，使基本绘图方法和专业制图能力的培养贯穿于整个教学过程中。通过识图、基本绘图方法和专业制图能力的训练使学生掌握更多更广的基础知识和原理，这是本书的特色。通过识图、基本绘图方法和专业制图能力训练，使学生知道有关绘制园林图纸的规范和标准；掌握园林制图的基础知识和原理；熟练掌握园林制图的基本绘图方法；能够熟练地阅读和绘制园林规划设计、园林工程施工图纸，具有一定的从事专业的岗位能力。在使用中，可结合《园林制图》教材中技能训练中的内容，根据本校具体情况有选择地进行。

本书在《园林制图》(中国农业大学出版社出版)的基础上进行编写。由常会宁任主编，由韩亚利、武新任副主编，参加编写的还有肖和忠、卢伟娜、徐国柱、胡江川、韩学影和邱李梅。常会宁负责全书统稿工作。

由于编者水平有限，时间仓促，书中难免有不当和错误之处，敬请广大读者提出宝贵意见。本书在编写过程中还选择使用了相关的出版物、网络资源和一些地方园林建设中的图纸资料，在此特向有关作者和单位表示衷心的感谢。

编　者

2008 年 5 月

目　　录

一、图框和标题栏绘制 …… 1
二、工具线条绘制 …… 2
三、徒手画图 …… 6
四、标注和索引练习 …… 9
五、园林植物表现技法 …… 12
六、园林山石表现技法 …… 23
七、园林地形表现技法 …… 26
八、园路表现技法 …… 29
九、园林水体表现技法 …… 31
十、投影基础知识 …… 34
十一、点、线、面投影 …… 34
十二、剖面图和断面图 …… 37
十三、园林建筑图及小品 …… 40
十四、园林轴测图 …… 45
十五、园林透视图 …… 50
十六、园林设计总平面图 …… 60
十七、园林种植设计图 …… 61
十八、园林竖向设计图 …… 62
十九、园路工程图 …… 63
二十、园林假山工程图 …… 66
二十一、园林水景工程图 …… 68
二十二、园林给排水工程图 …… 69
参考文献 …… 71

一、图框和标题栏绘制

提示：按表 1 所示线宽绘制 A3 图框、标题栏。注意：对中标志应画在图纸各边长的中点处，线宽应为 0.35 mm，伸入框内长度应为 5 mm。标题栏长边为200 mm，短边为 30、40 或 50 mm。

表 1　图框线、标题栏线的宽度　　　mm

图幅代号	图框线	标题栏外框线	标题栏分格线、会签栏线
A0，A1	1.4	0.7	0.35
A2，A3，A4	1.0	0.7	0.35

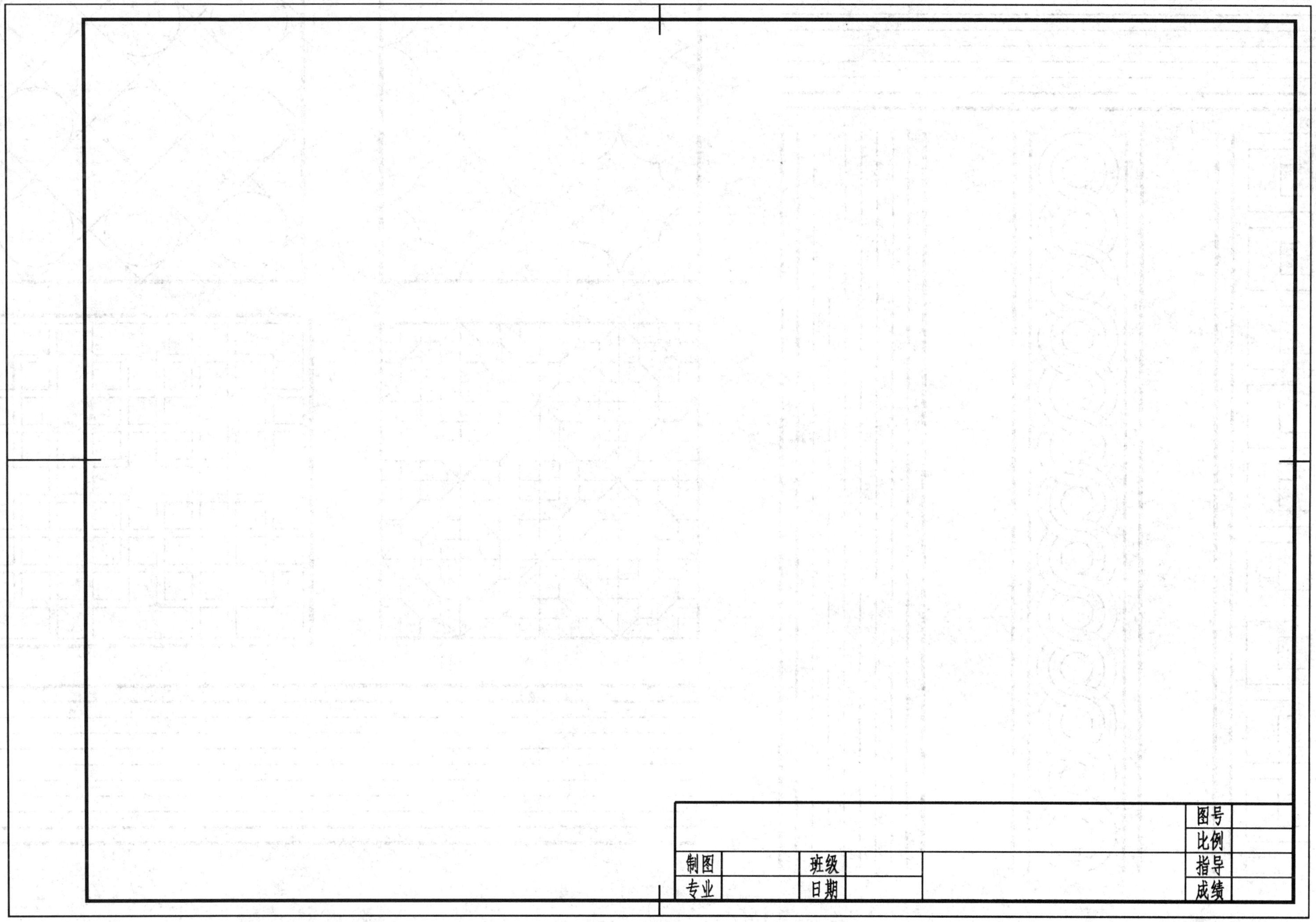

二、工具线条绘制

提示：用绘制的 A3 图框，使用铅笔、钢笔绘制线条、图案。注意：合理选择线形和线宽，使图形美观。

(1)

(2)

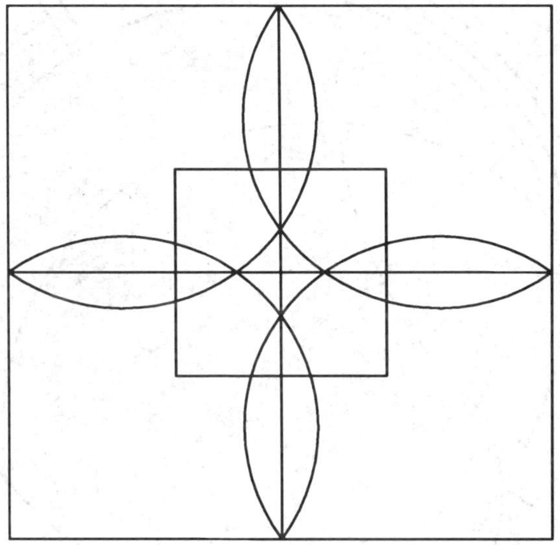

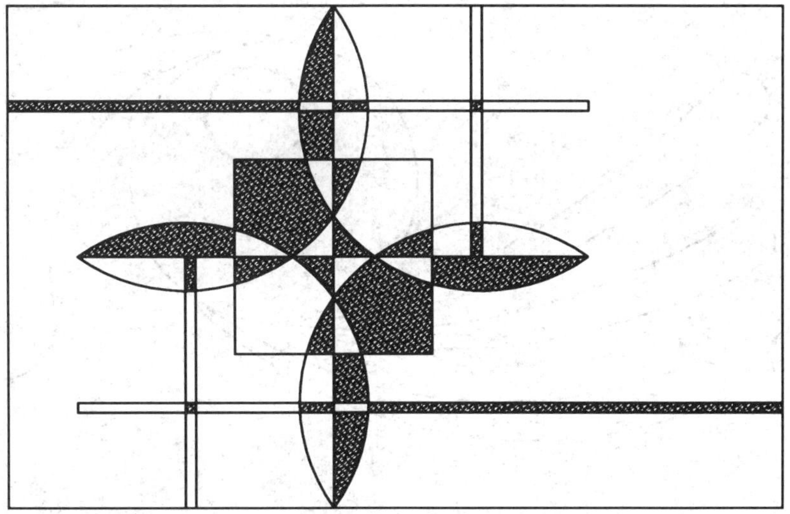

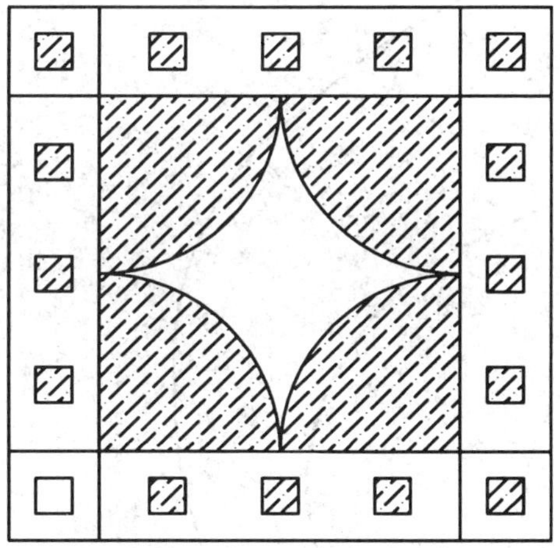

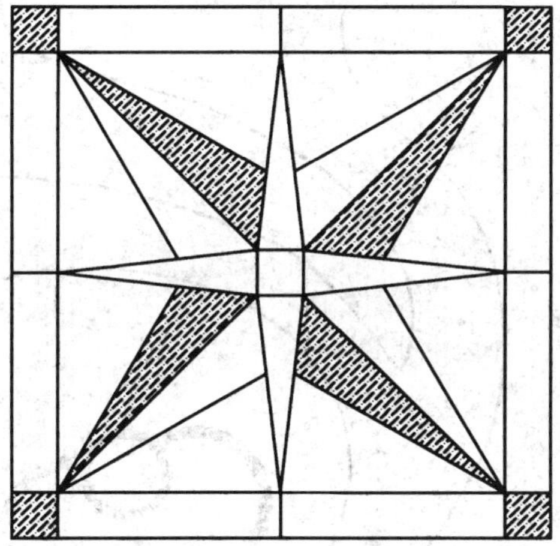

(3)

（4）

三、徒手画图

提示：使用铅笔、钢笔徒手绘制线条、图案。注意：仔细阅读教材中的运笔要领。

(1)

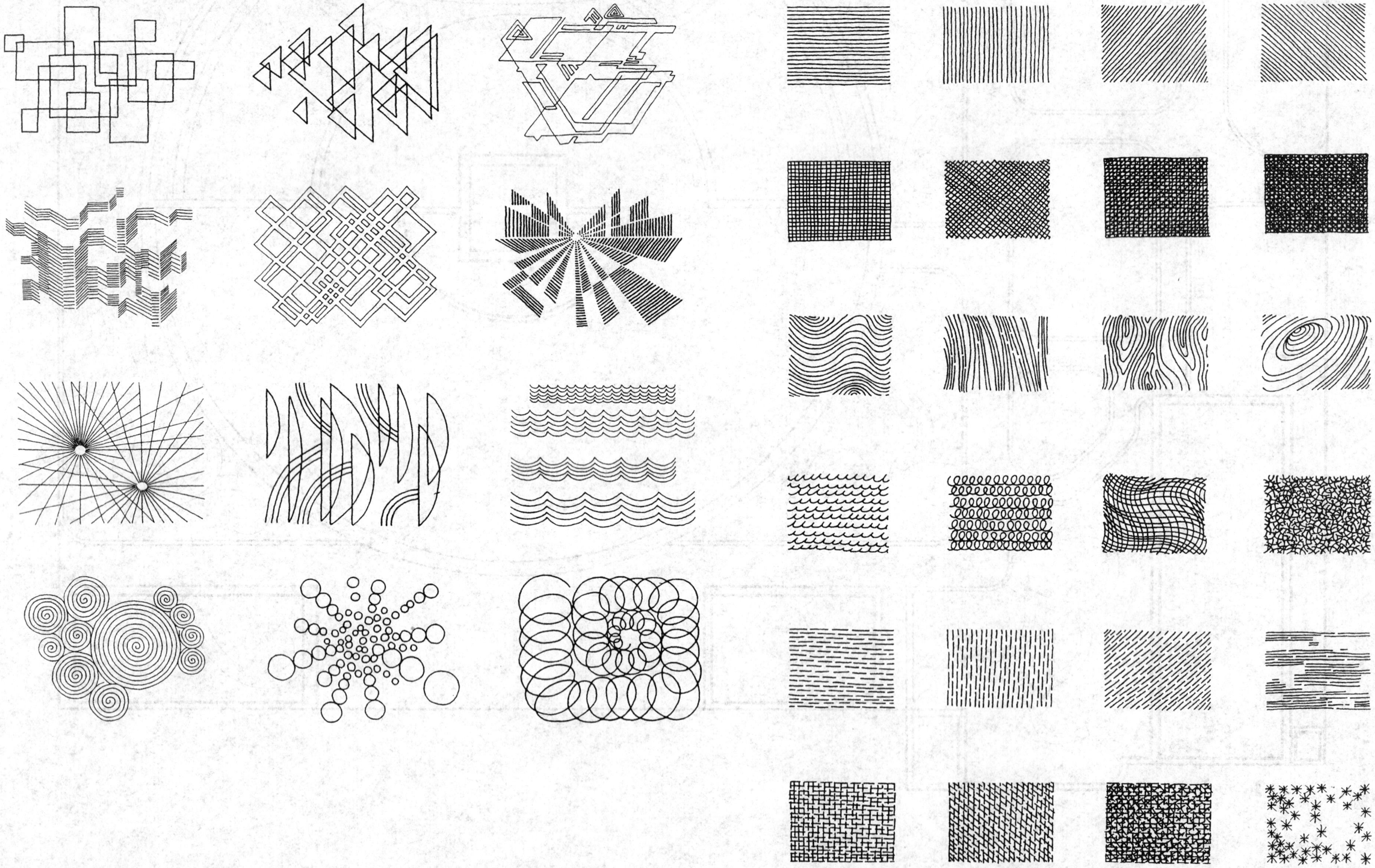

(2)

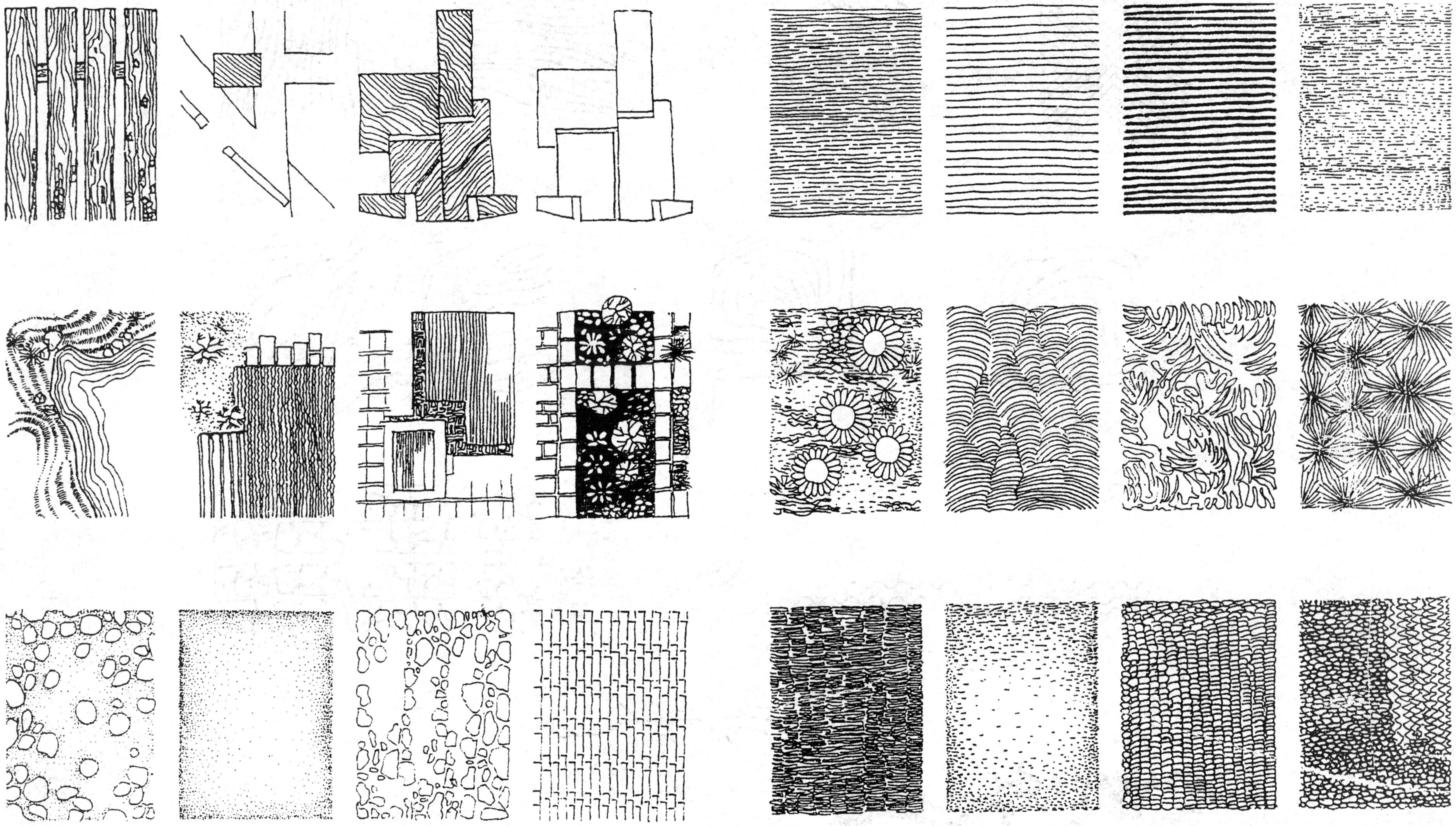

(3)

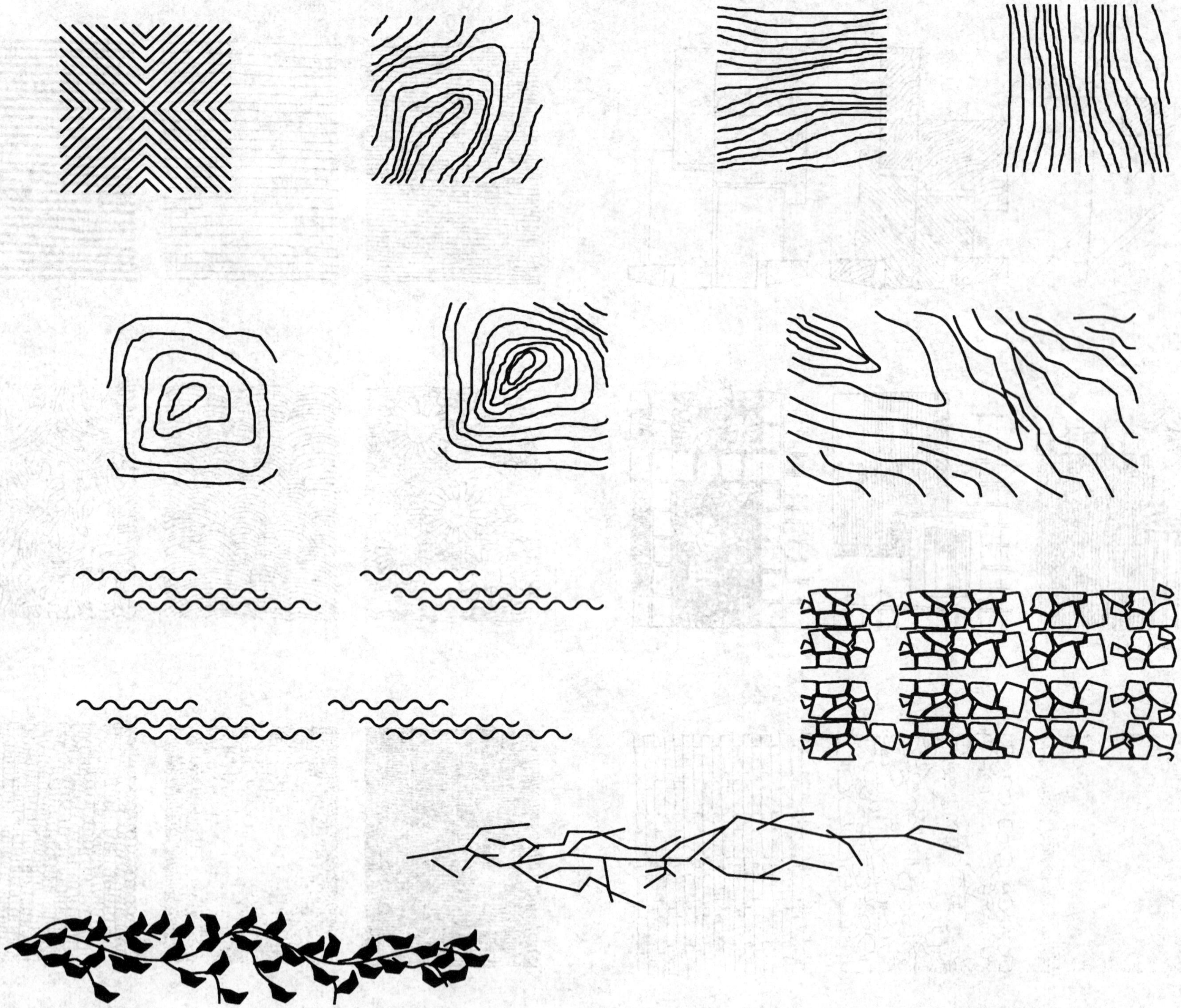

四、标注和索引练习

(一)线形标注:绘制图形,并绘制出尺寸线、尺寸界线和尺寸起止符号,完成线形标注

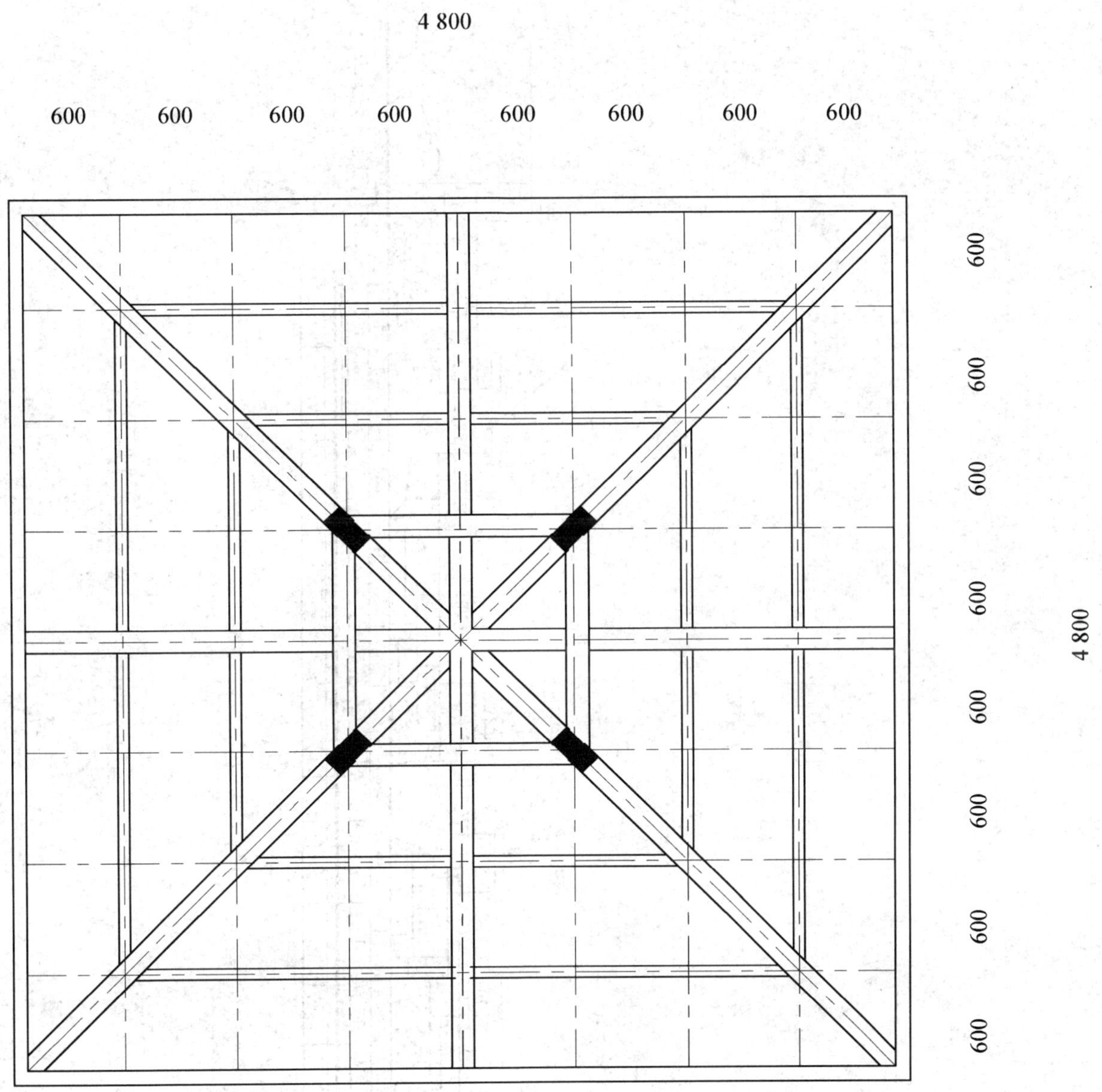

(二)角度、半径标注:绘制图形,并完成角度和半径标注

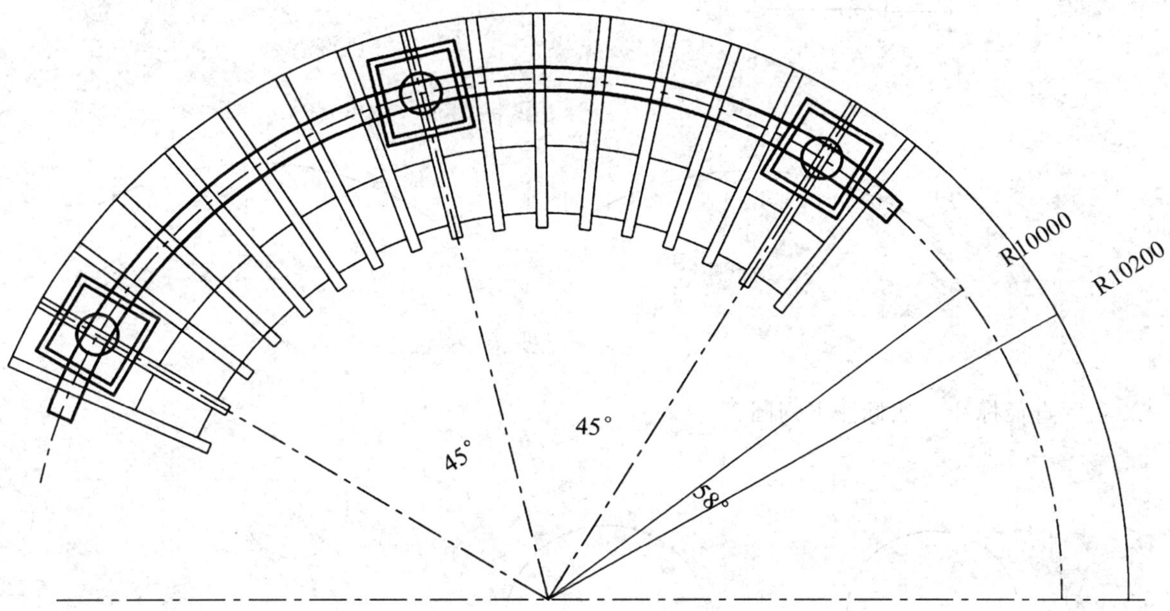

(三)角度、直径、半径、弧长、弦长标注

1. 利用半径标注方法标注下列圆弧：

半径为20的圆　半径为16的小圆弧　半径为10的小圆弧　半径为8的小圆弧

小圆弧半径的标注

半径120的大圆弧　半径150的大圆弧

大圆弧半径的标注

2. 利用直径标注方法标注下列圆：

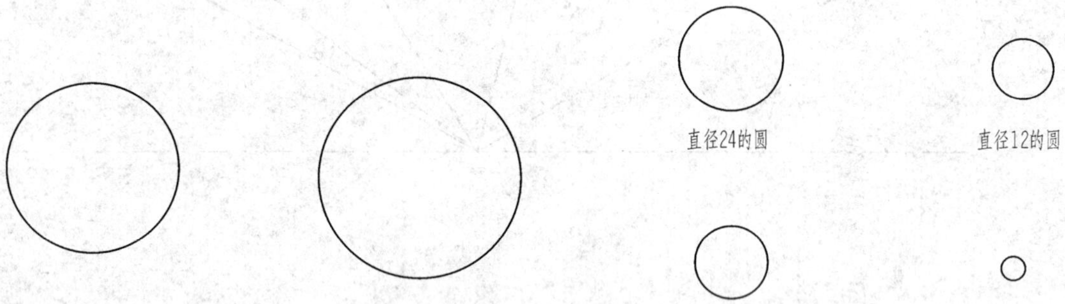

直径600的圆　直径800的圆　直径24的圆　直径12的圆　直径16的圆　直径4的圆

大圆直径的标注　小圆直径的标注

3. 利用角度、弧长、弦长的标注方法标注下列角度、弧长、弦长：

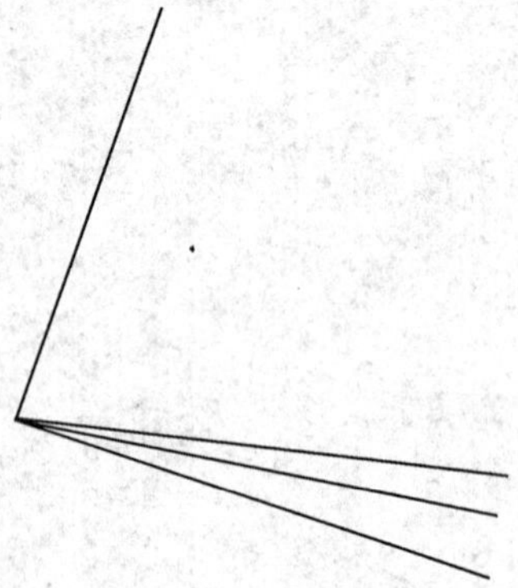

请标注角度,从上往下依次为77°,5°,7°

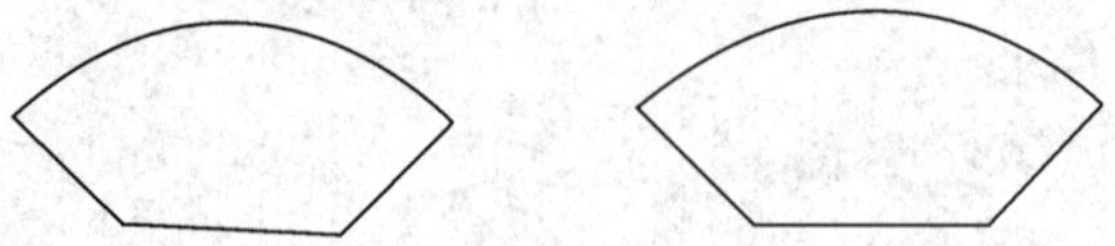

弧长120的弧　弧长113的弦

(四)标高标注:绘制图形,并完成相对标高标注

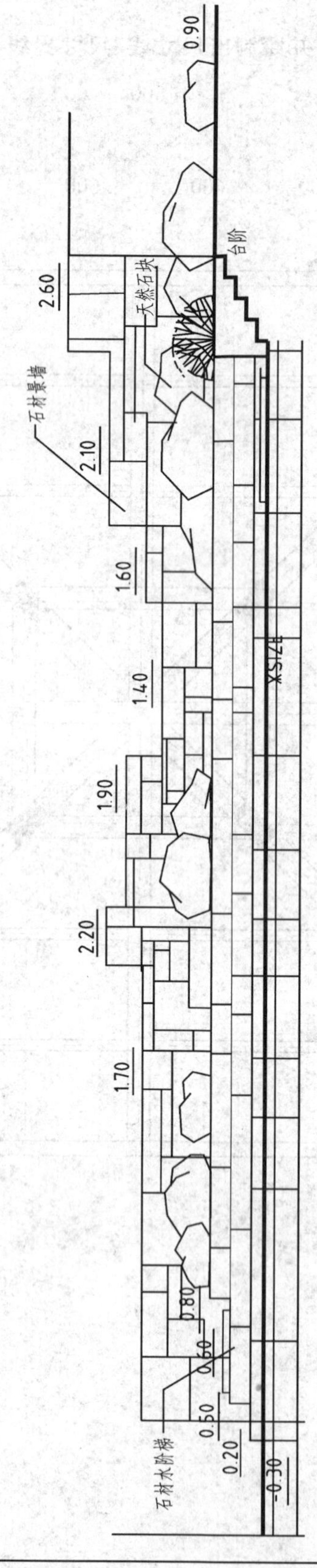

（五）标高标注：绘制图形，并完成大地水准面标高标注

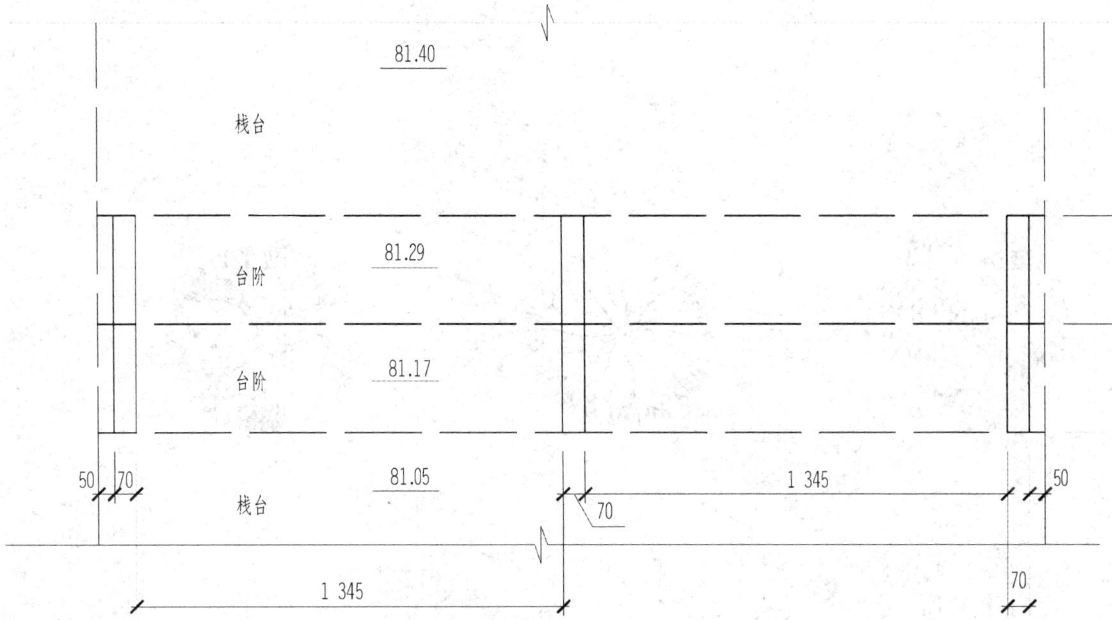

（六）定位轴线编号：绘制图形并给定位轴线编号

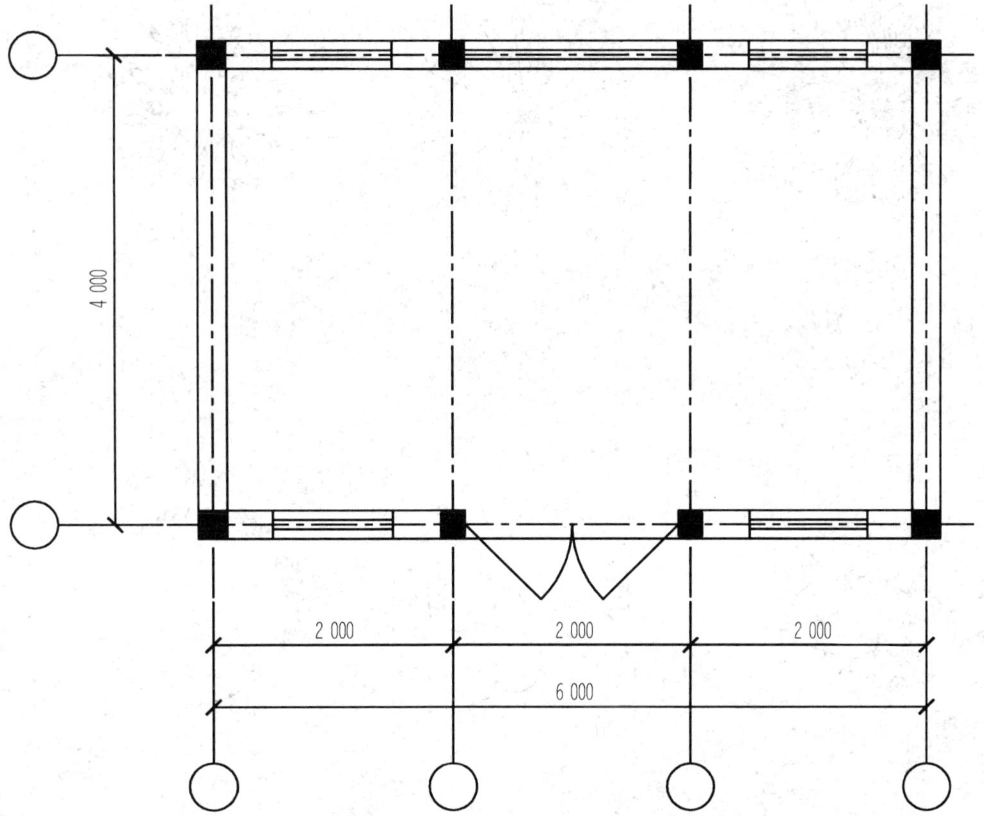

（七）坡度、索引、引出线和文字说明练习：绘制图形并进行坡度、索引、引出线和文字说明标注

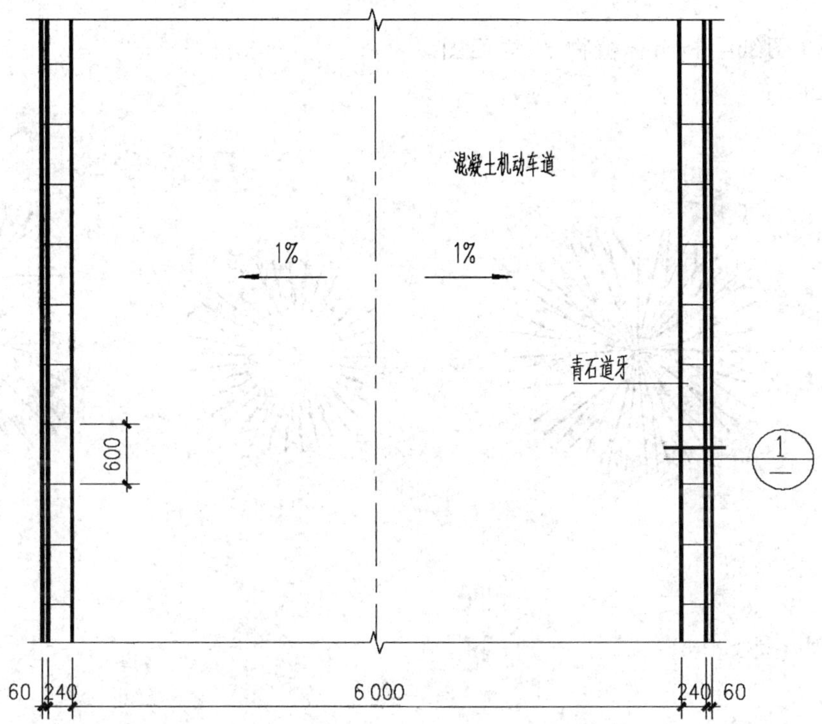

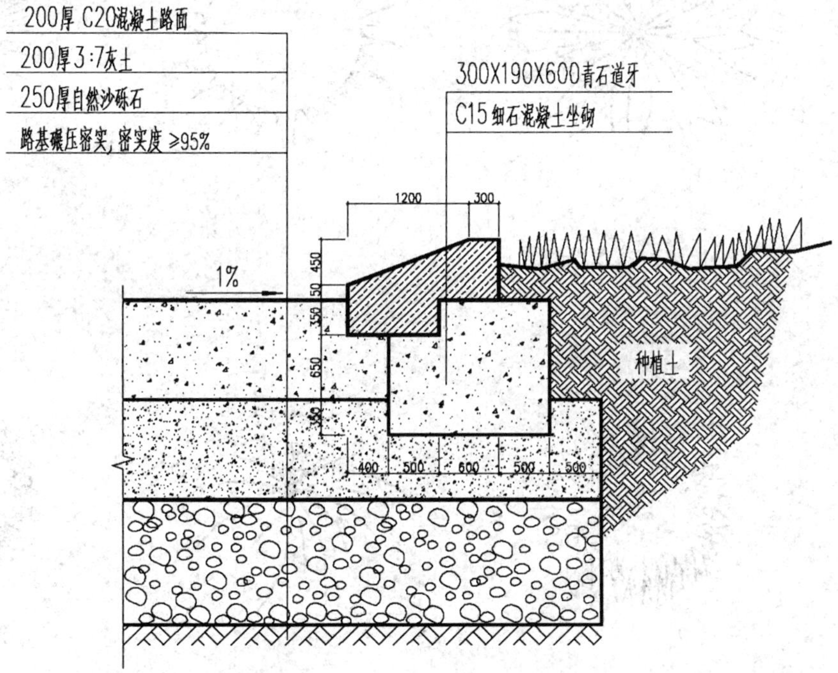

①

五、园林植物表现技法

提示：用 A3 图纸绘制园林植物平、立面图。

1. 植物平面

(1)

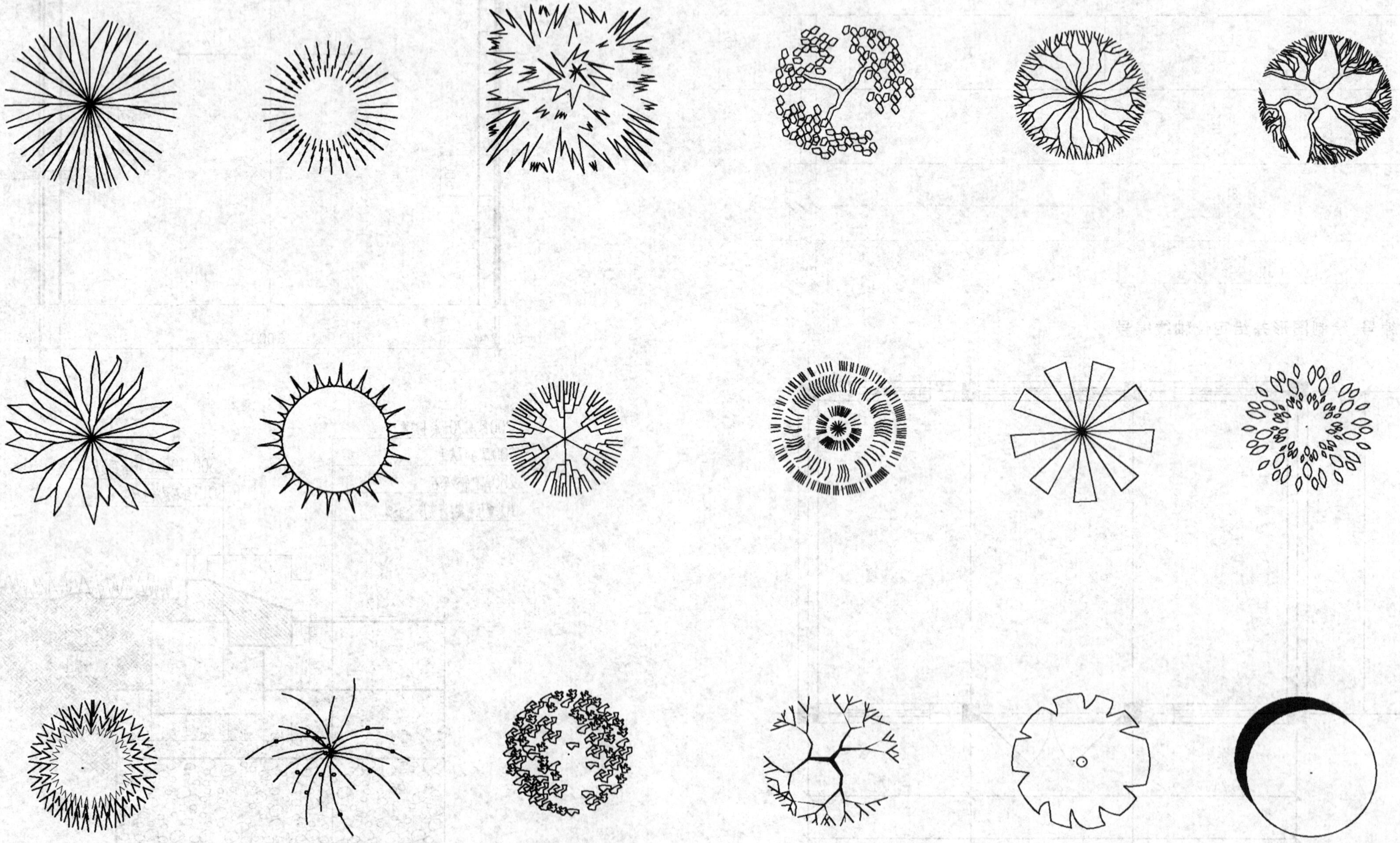

(2)

(3)

2.植物立面

(1)

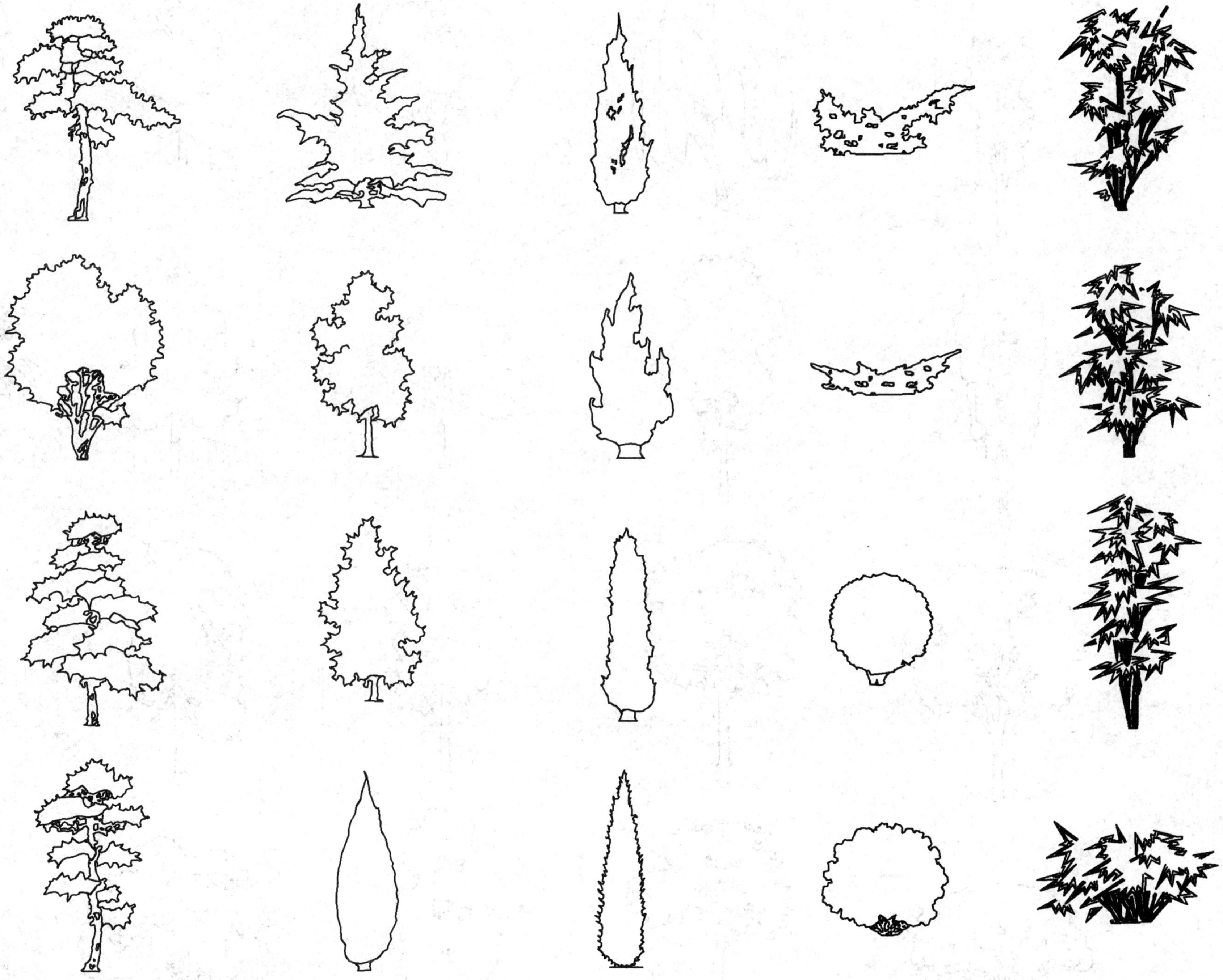

(2)

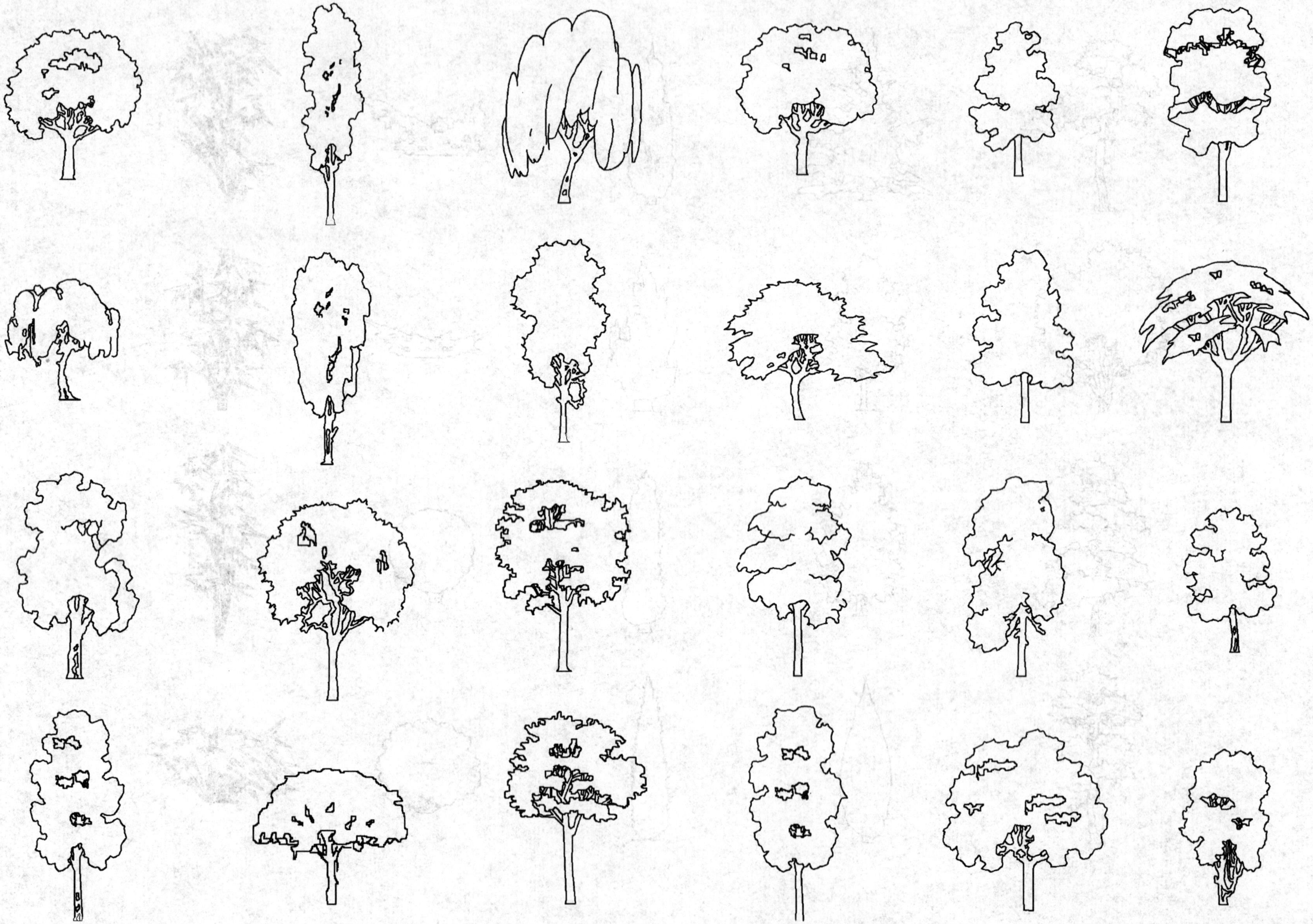

(3)

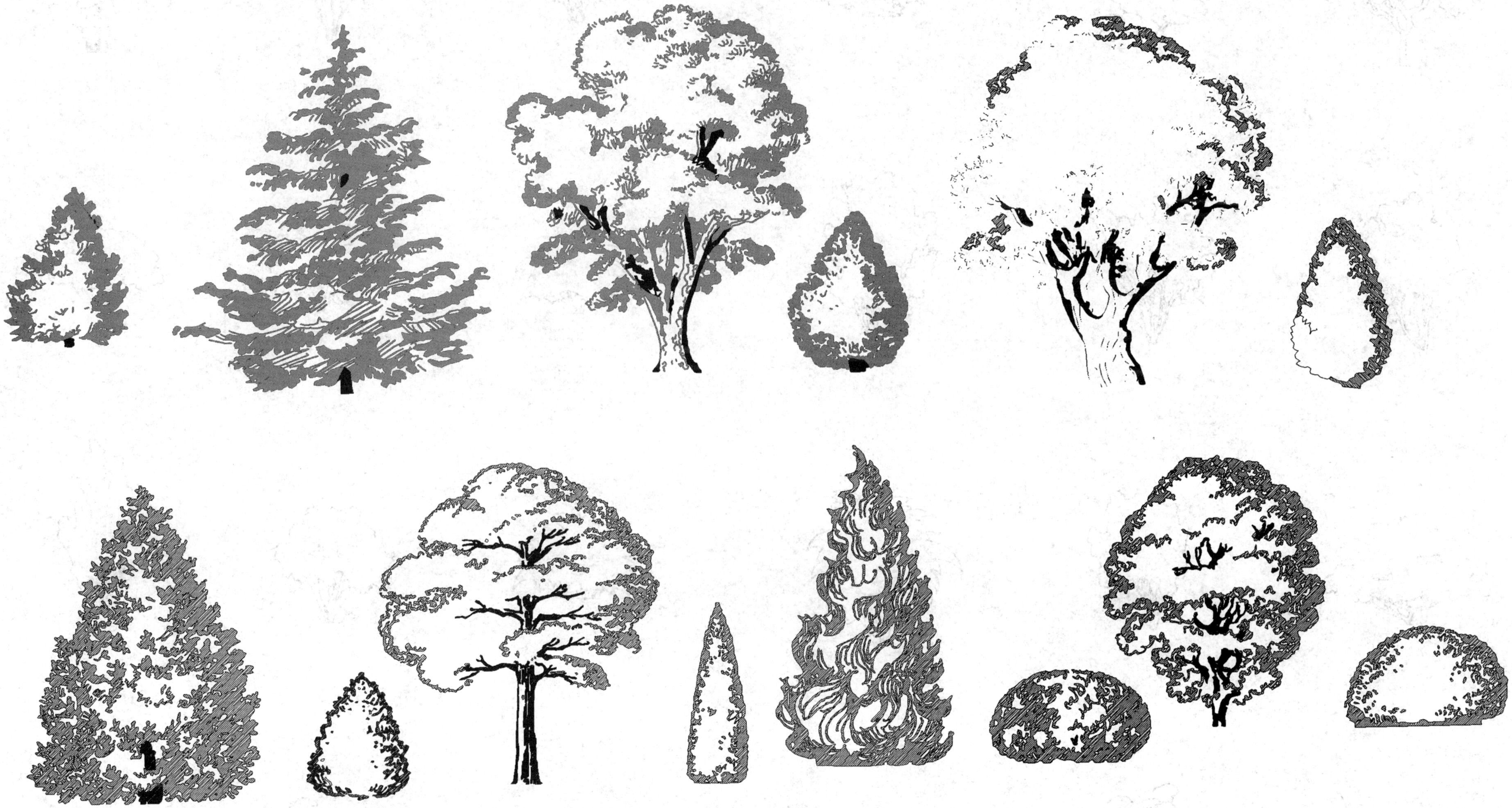

(4)

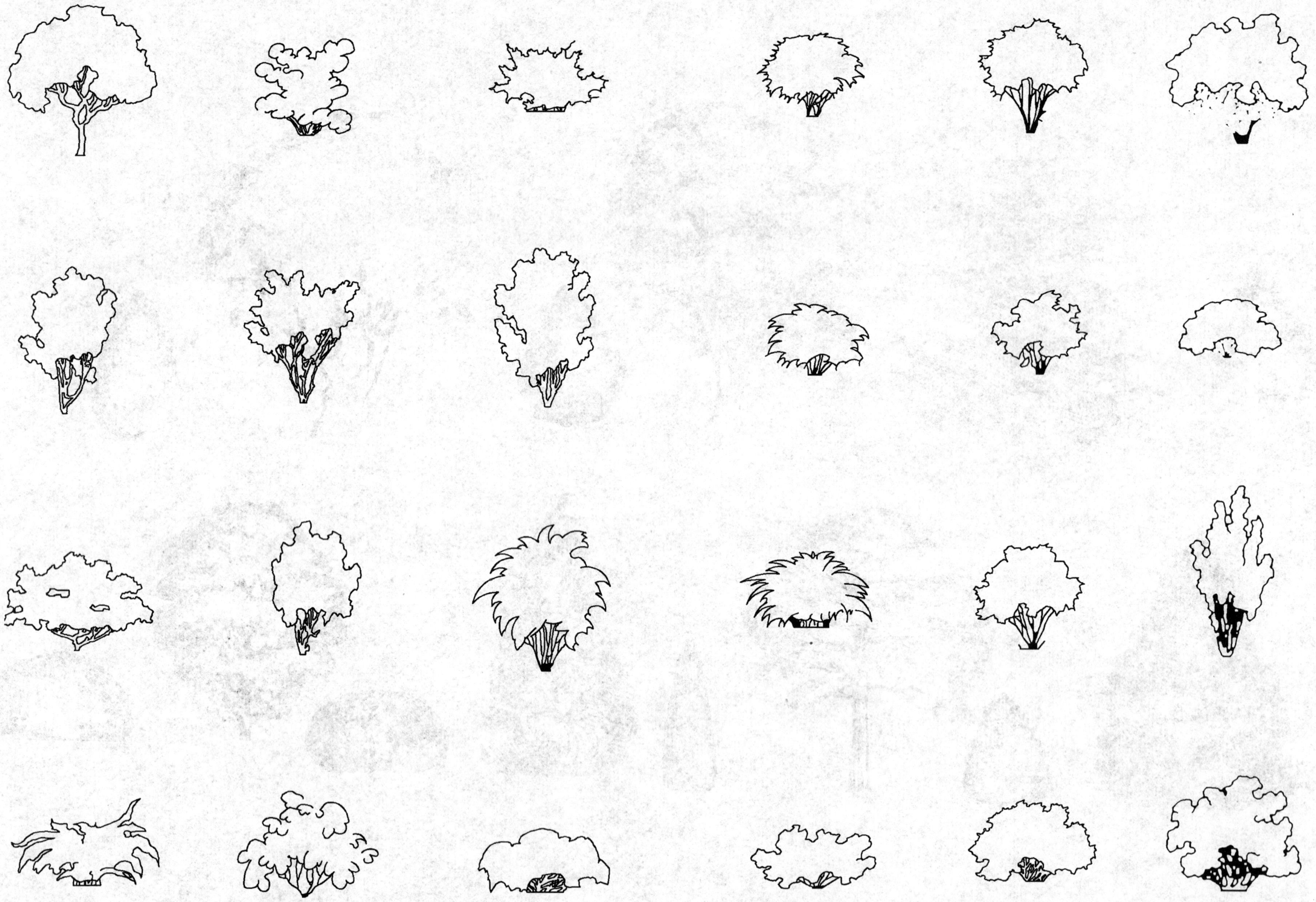

(5)

3. 植物组合

(1)

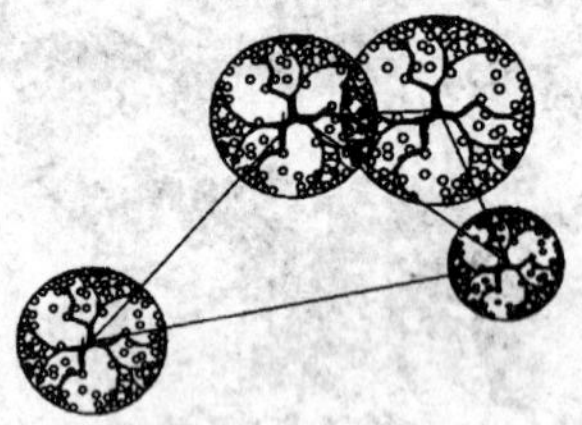

4株榉树

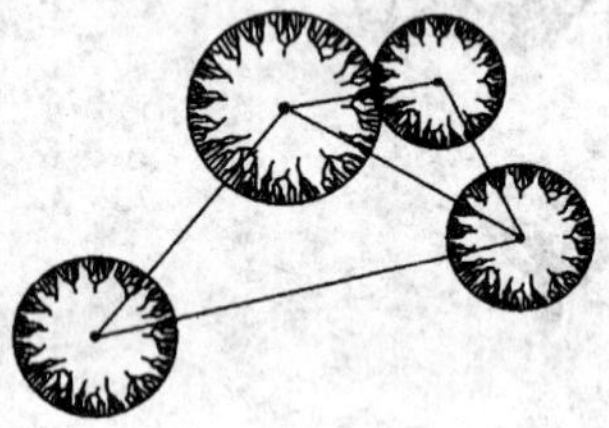

4株梧桐

6株雪松

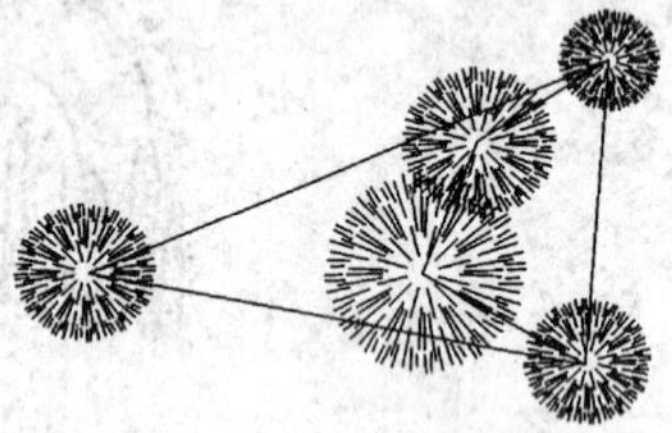

5株龙柏

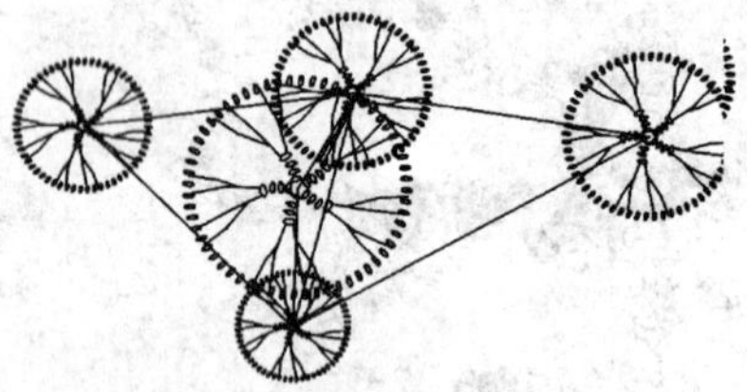

5株水杉

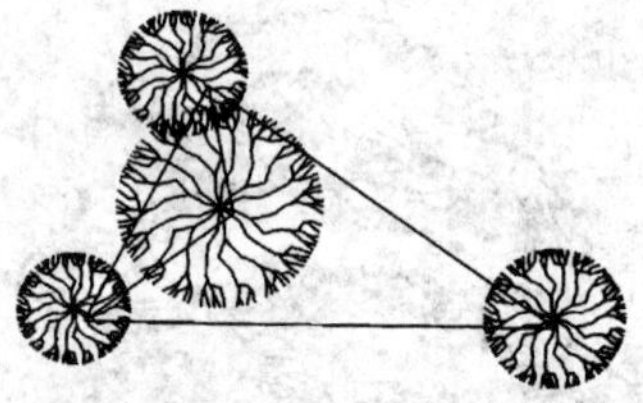

4株重阳木

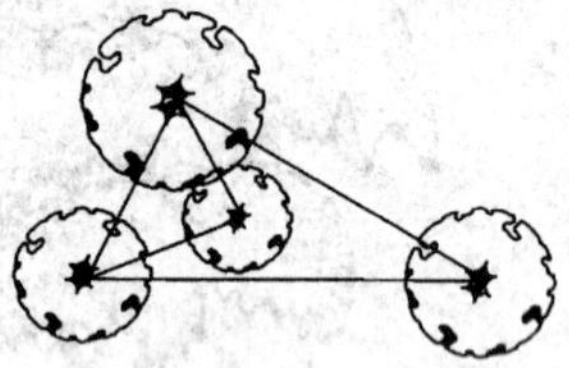

4株白蜡

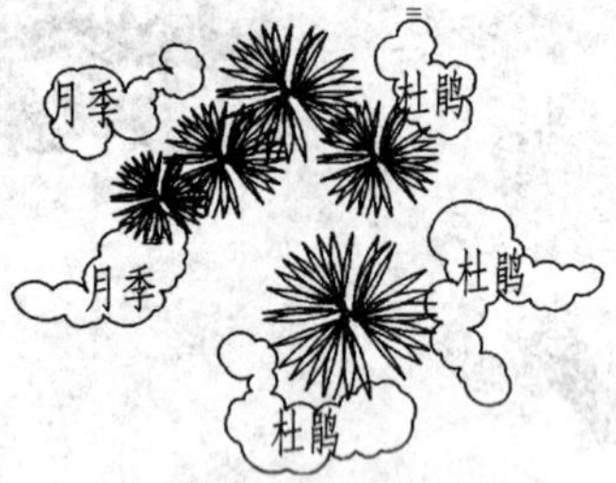

5株白皮松

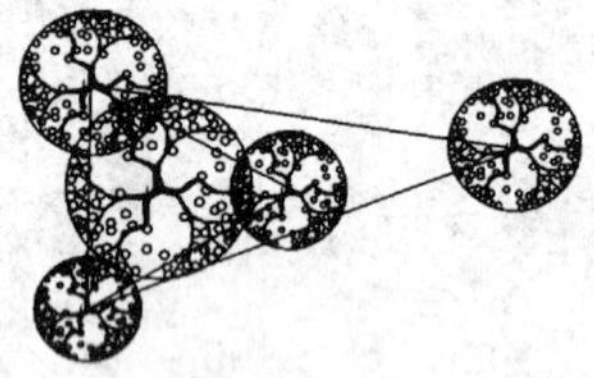

5株榉树

13株垂柳

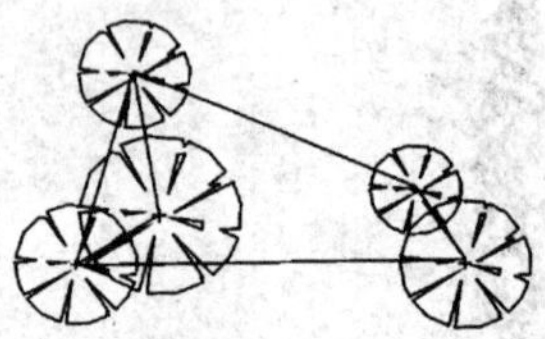

5株桂花

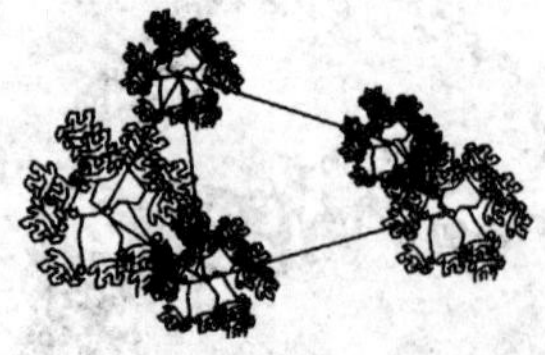

5株香樟

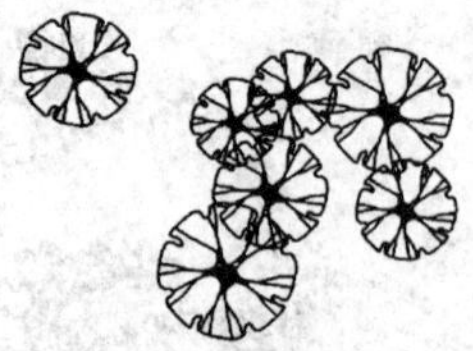

7株合欢

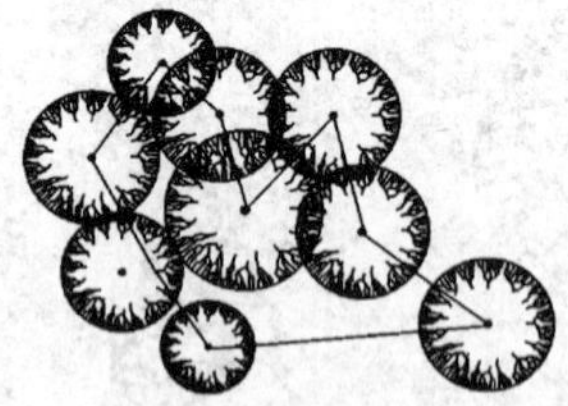

9株悬铃木

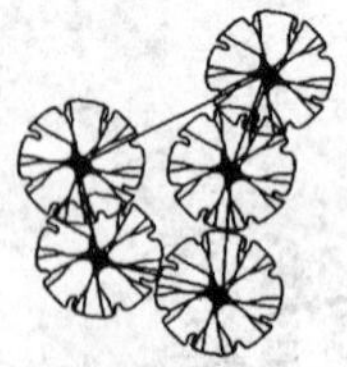

5株合欢

（2）

玉兰组合

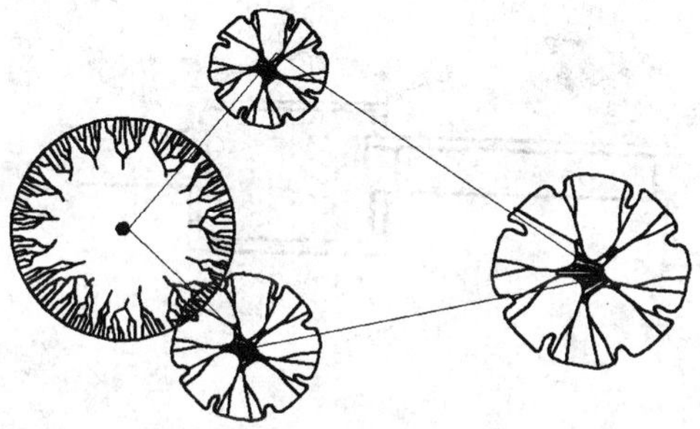

合欢、女贞组合

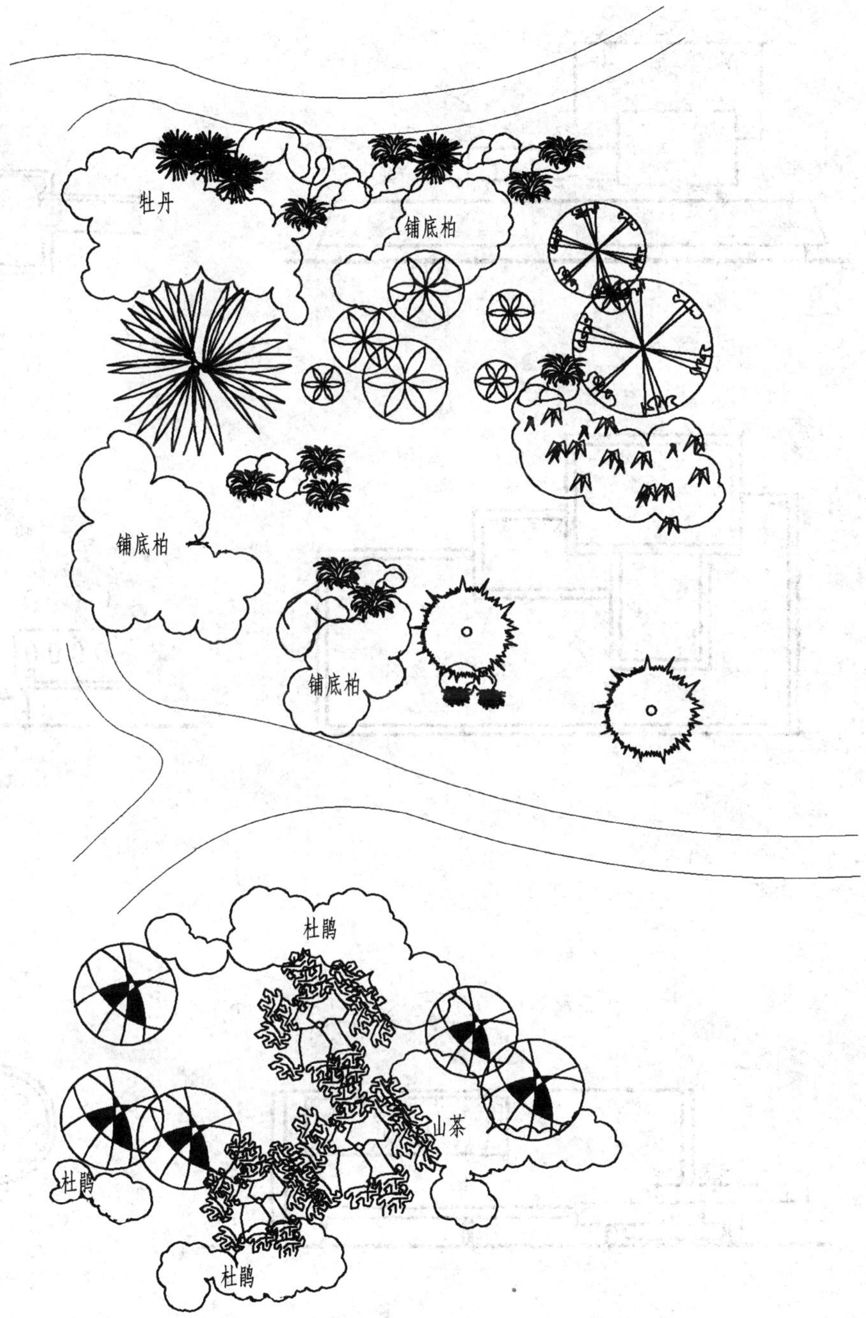

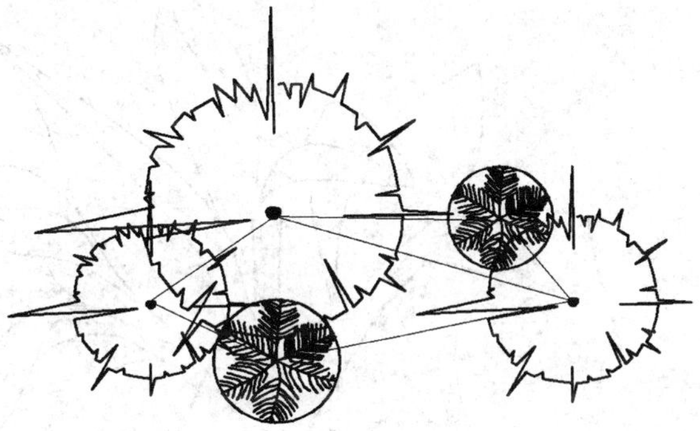

松、枫组合

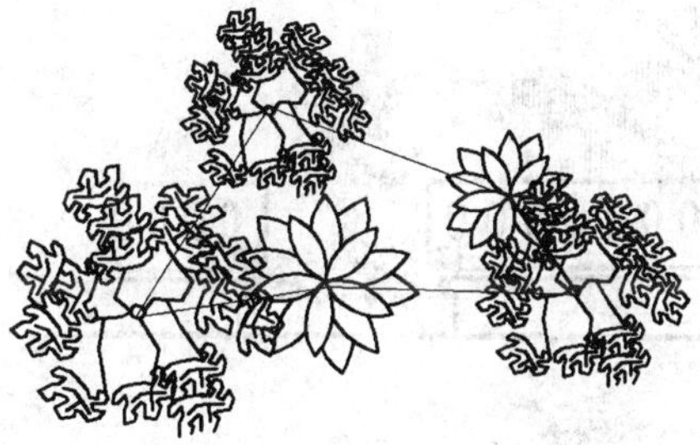

香樟、玉兰组合

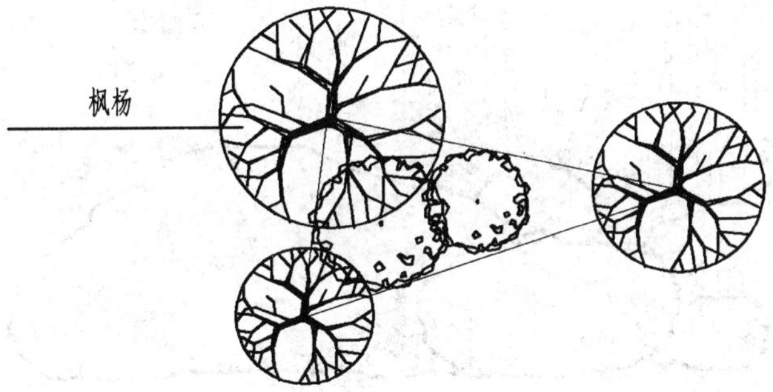

枫杨、青枫组合

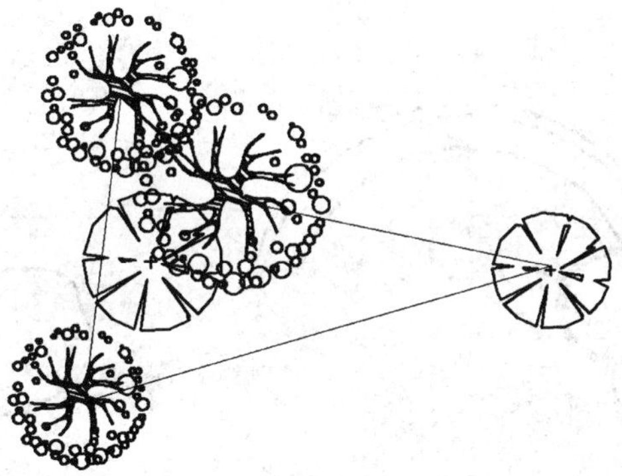

国槐、桂花组合

4.花台、景石平、立面图

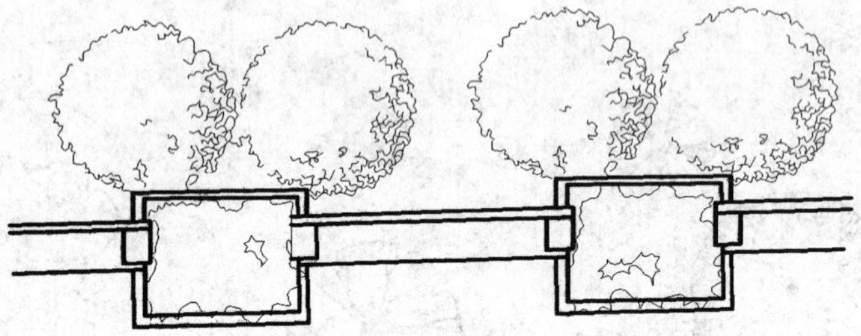

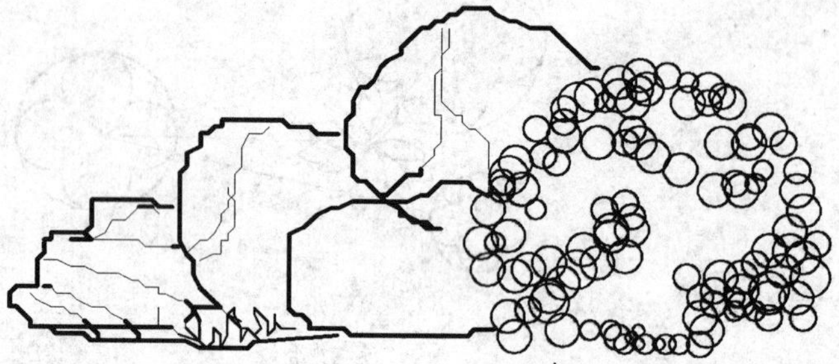

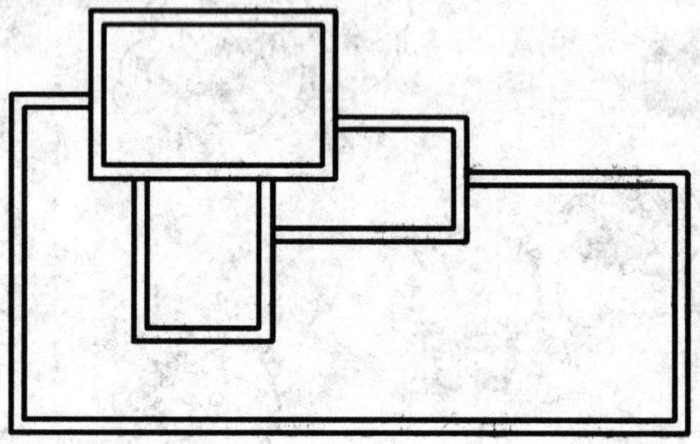

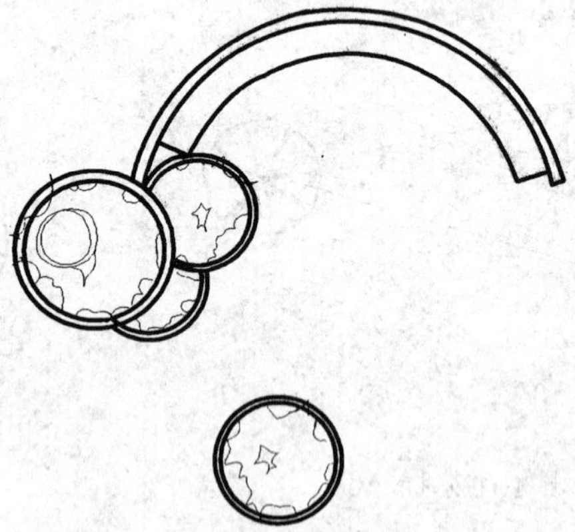

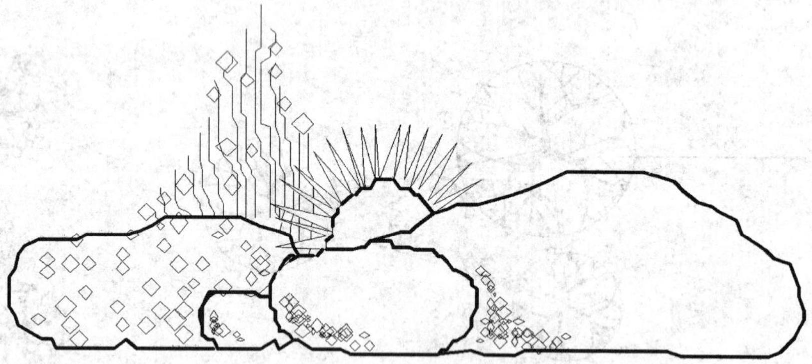

六、园林山石表现技法

提示：绘制山石线条图。注意：山石轮廓用粗实线，纹理用细实线。

(一)园林景石平、立面图

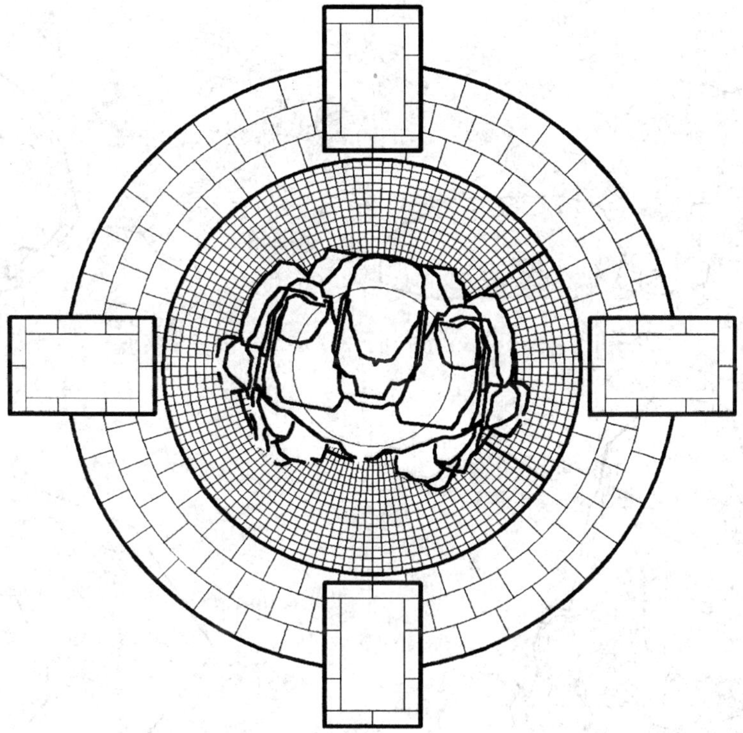

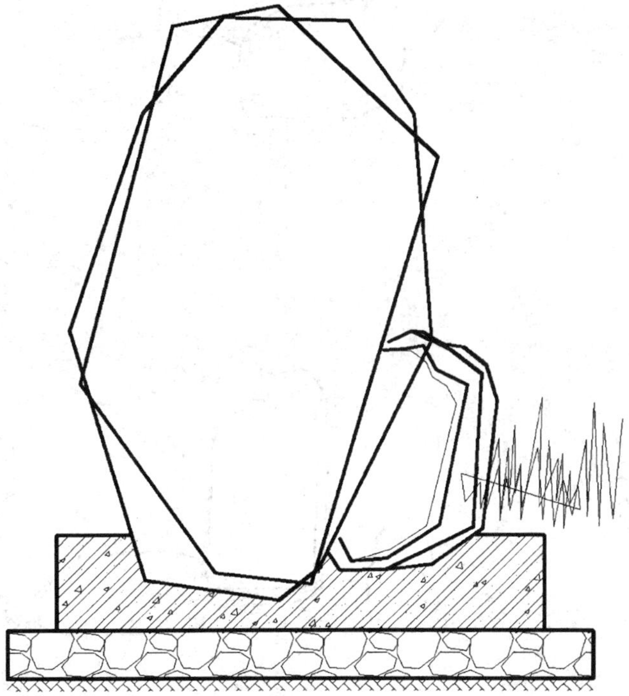

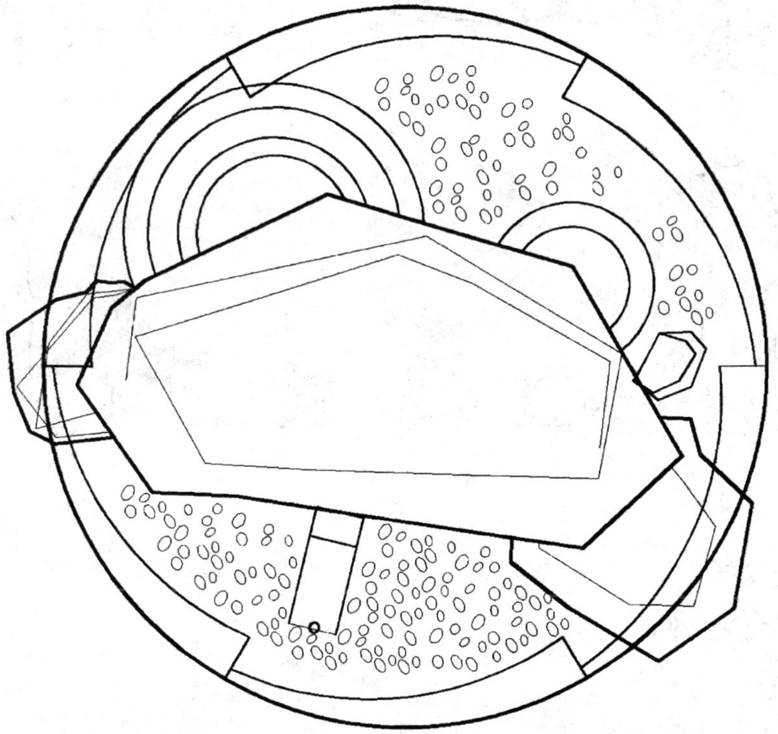

(二)景石与植物组合立面图

(三)仿木与景石平、立面和效果图

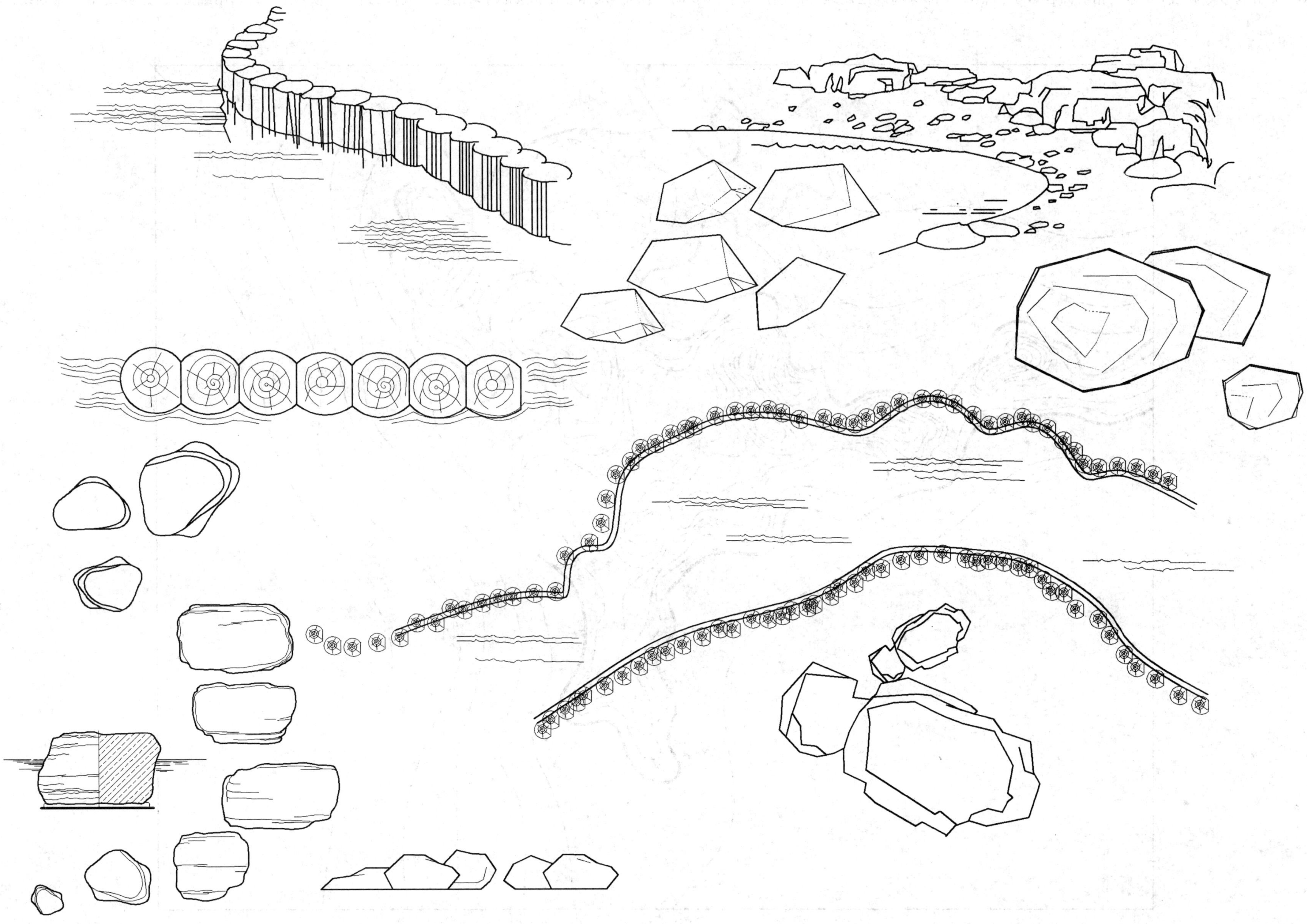

七、园林地形表现技法

提示：练习绘制地形等高线，并标注相对高程数字。根据局部等高线绘制地形剖面图和轮廓线图。注意：水体驳岸、建筑轮廓用粗实线；园路用中实线；等高线用细虚线；边界线用中点划线。

(1)

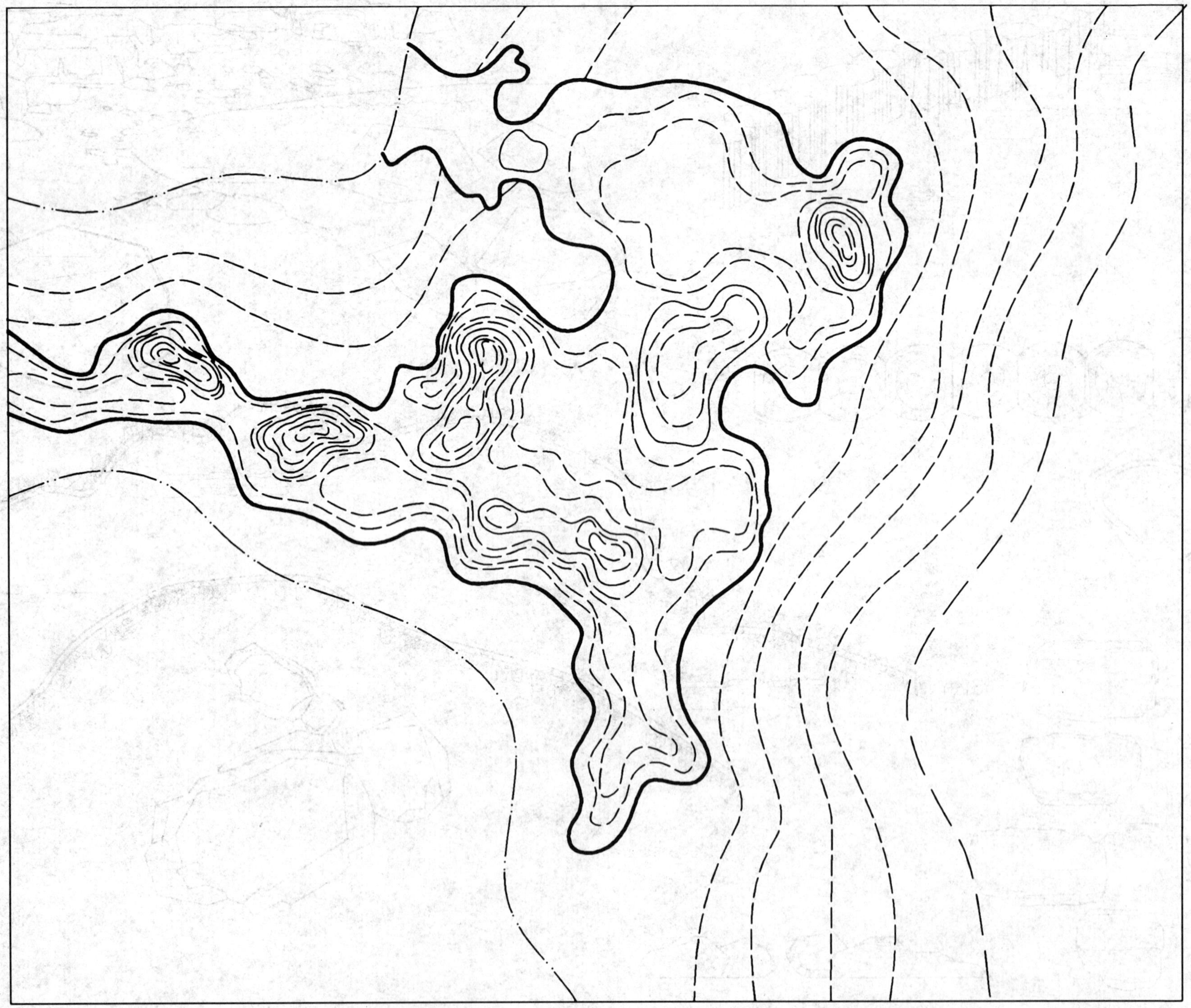

(2)

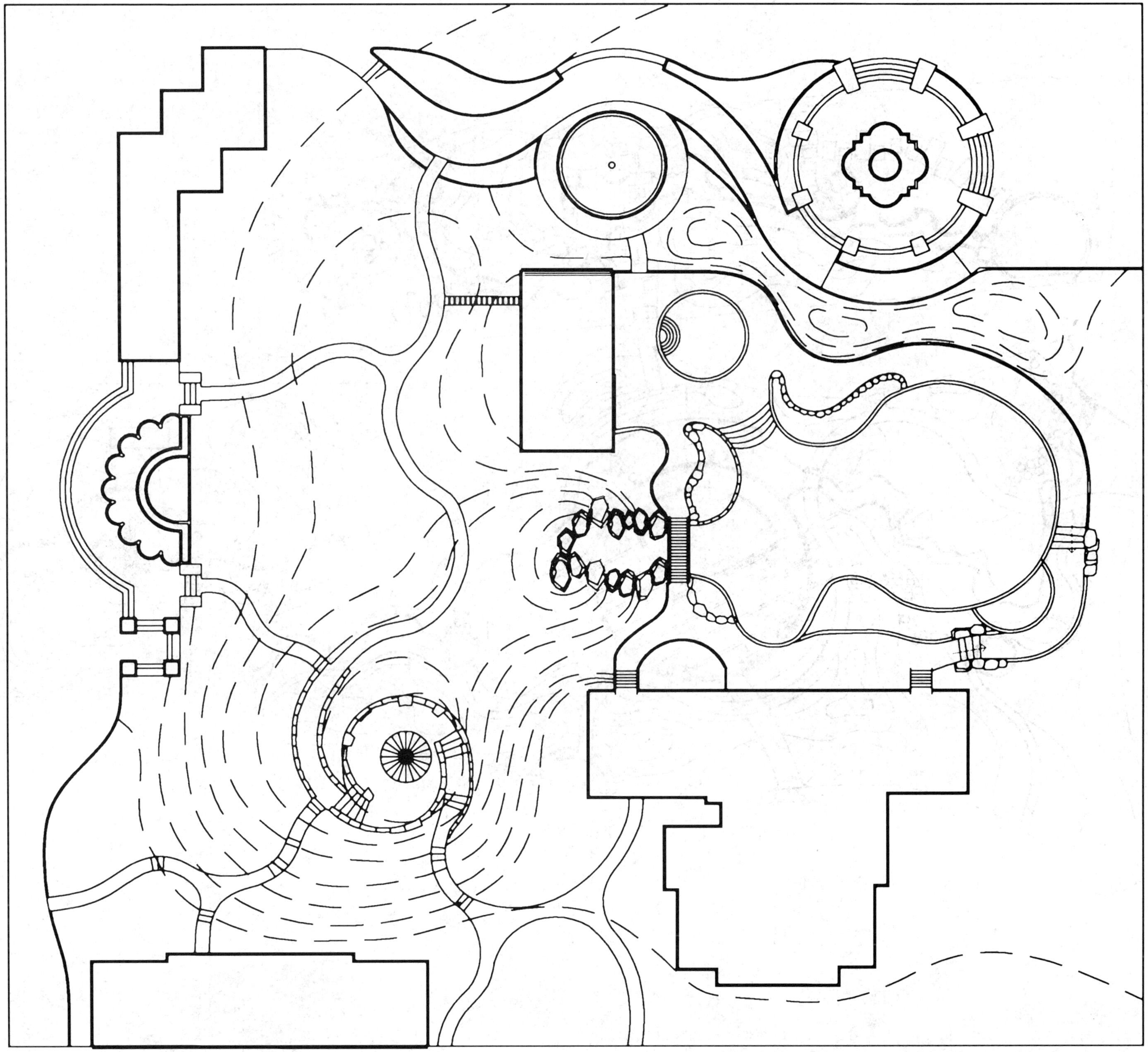

(3)

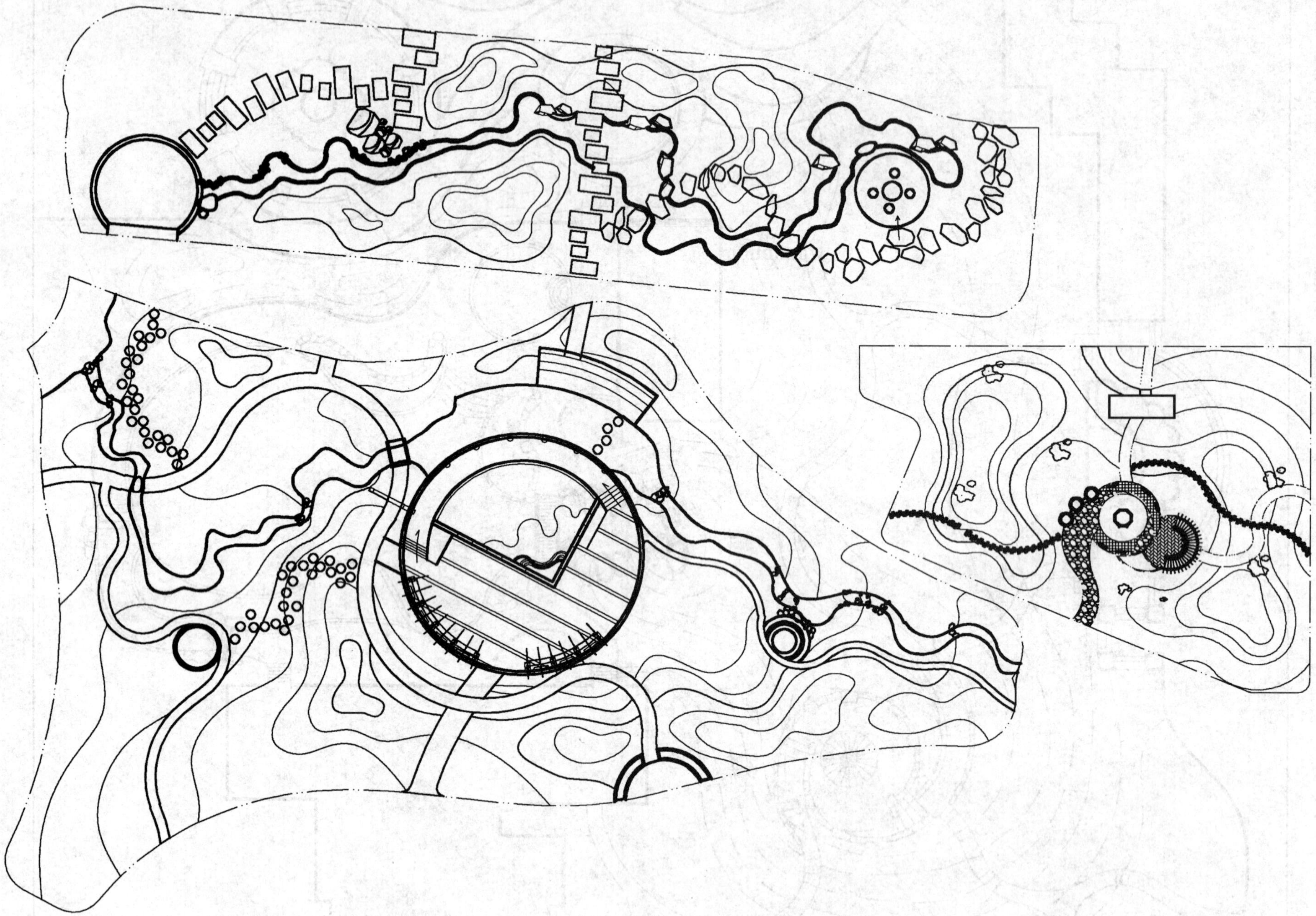

八、园路表现技法

提示：用铅笔、绘图钢笔描绘园路和植物。

（1）

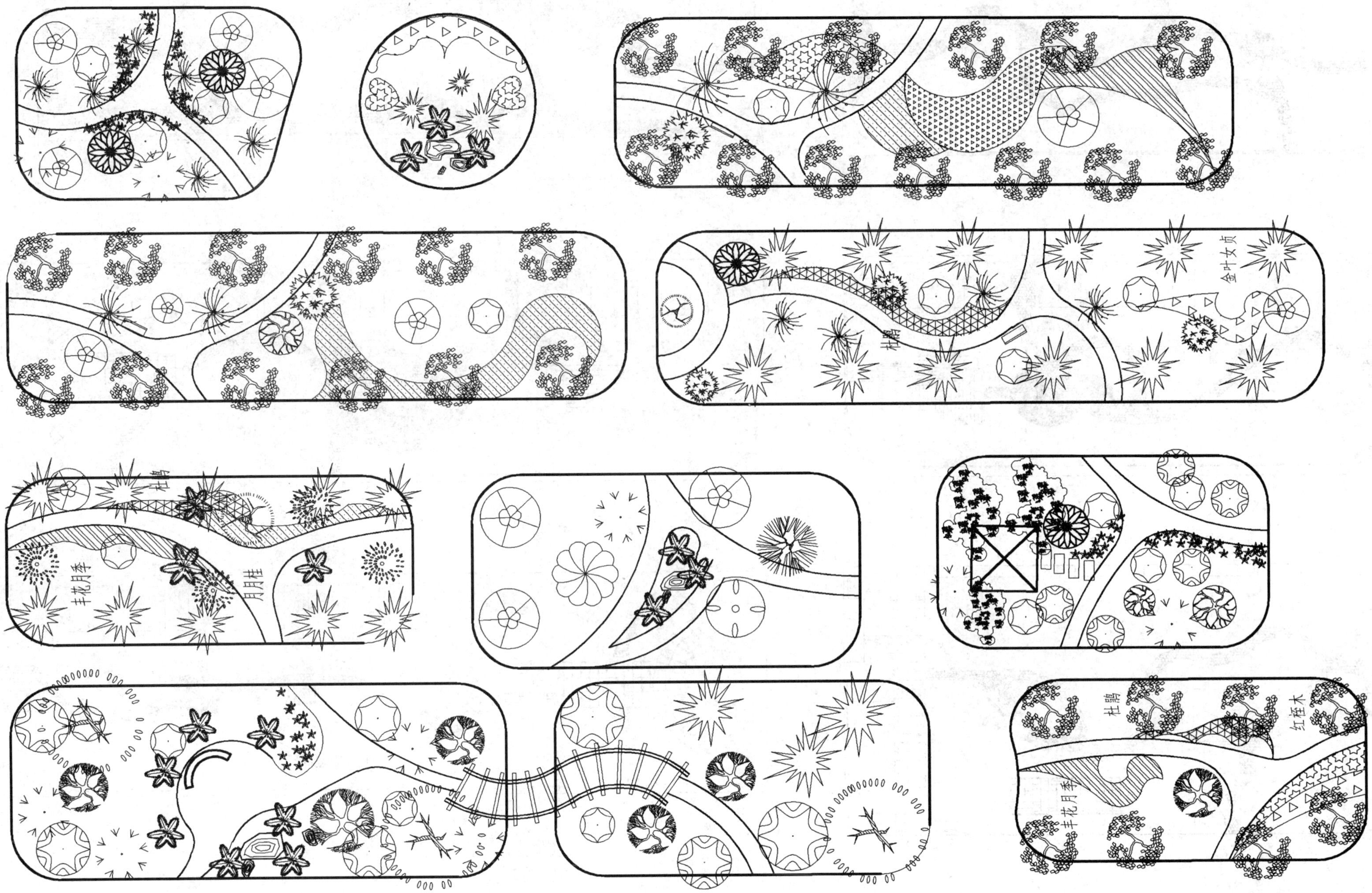

(2)

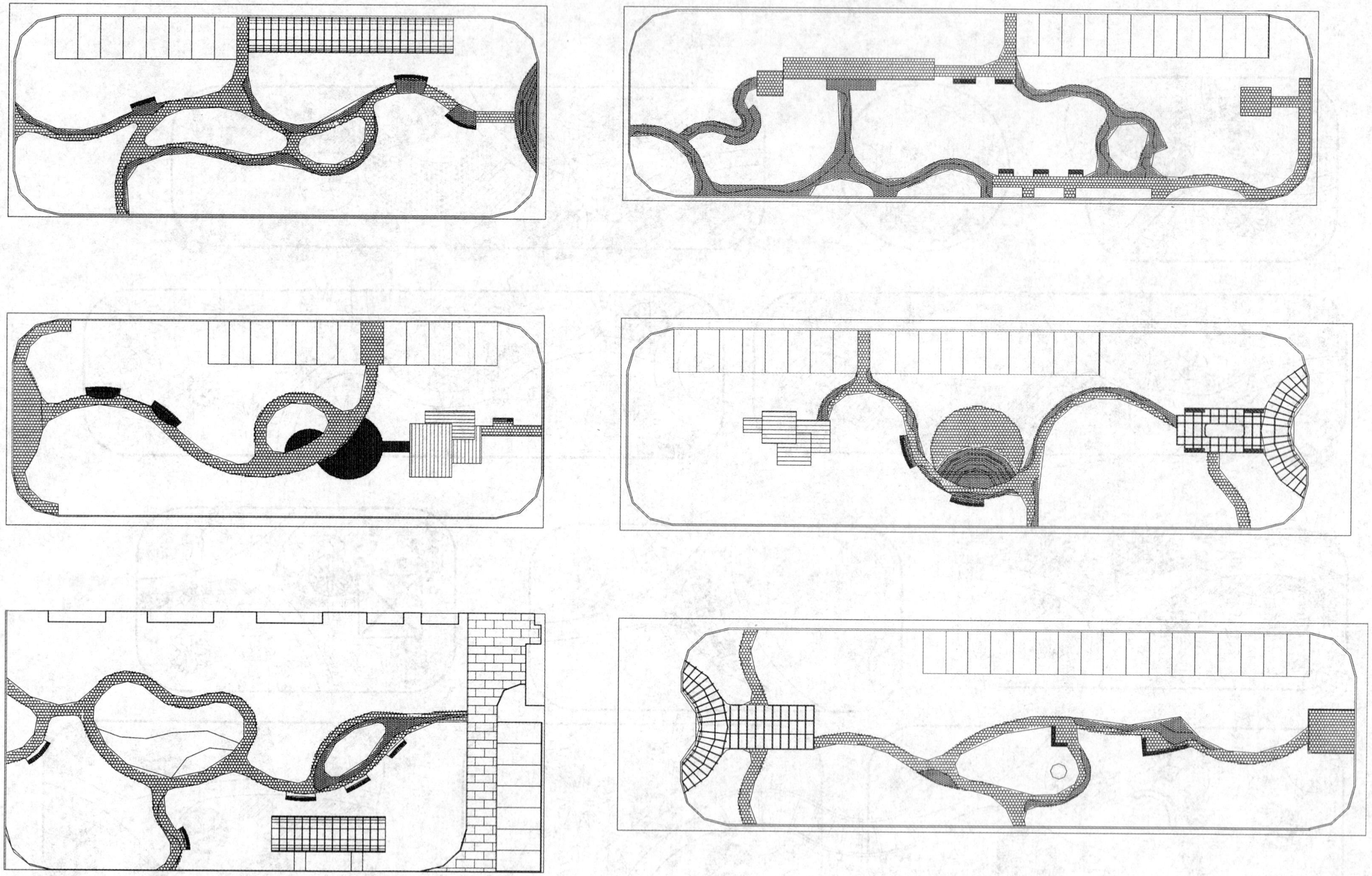

九、园林水体表现技法

提示：用铅笔、绘图钢笔描绘水型。

(1)

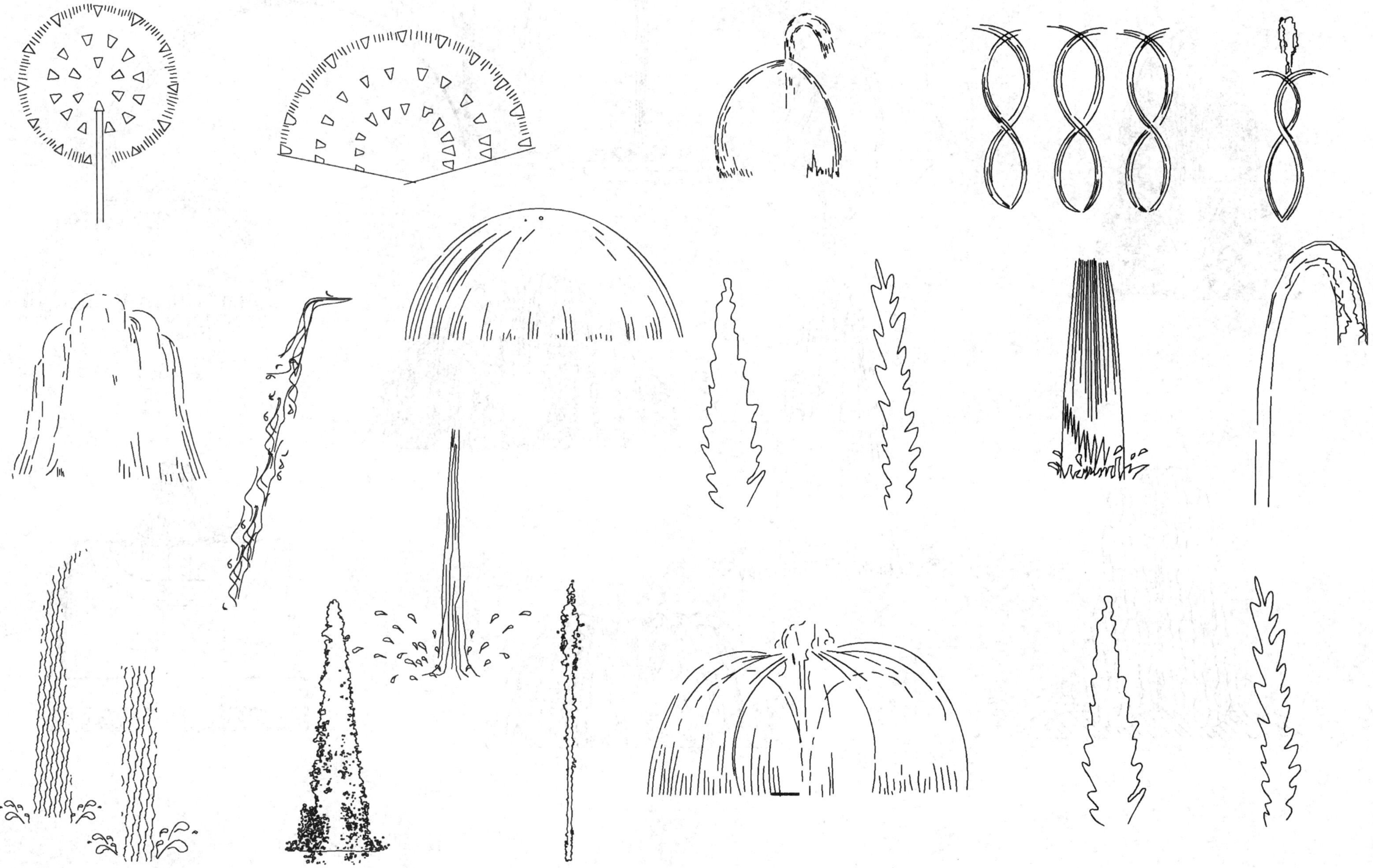

(2)

(3)

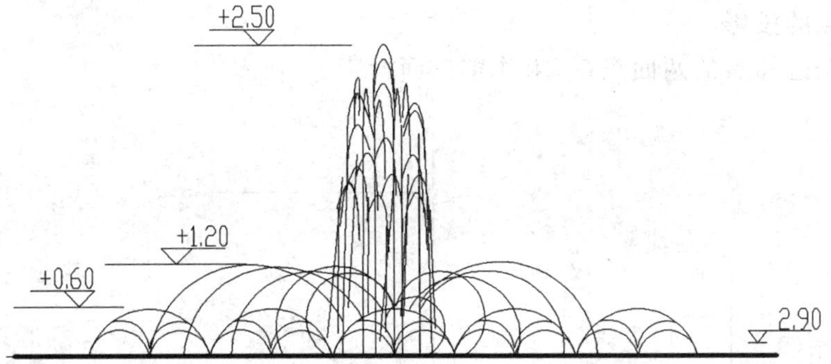

喷泉组合立面示意图

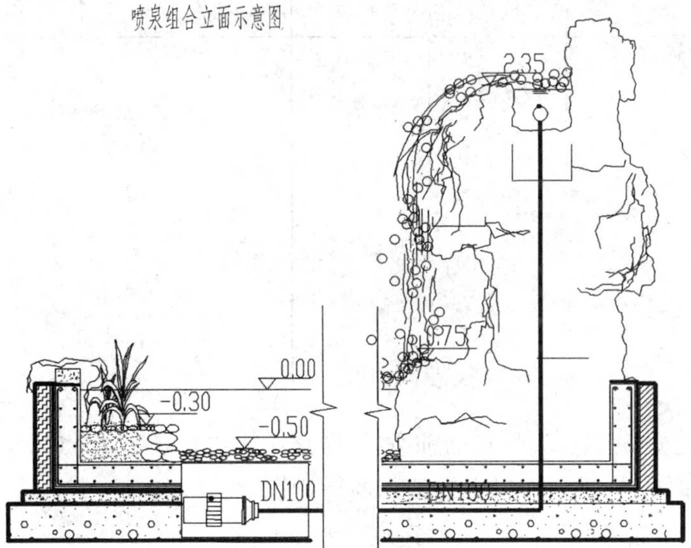

水池剖面图

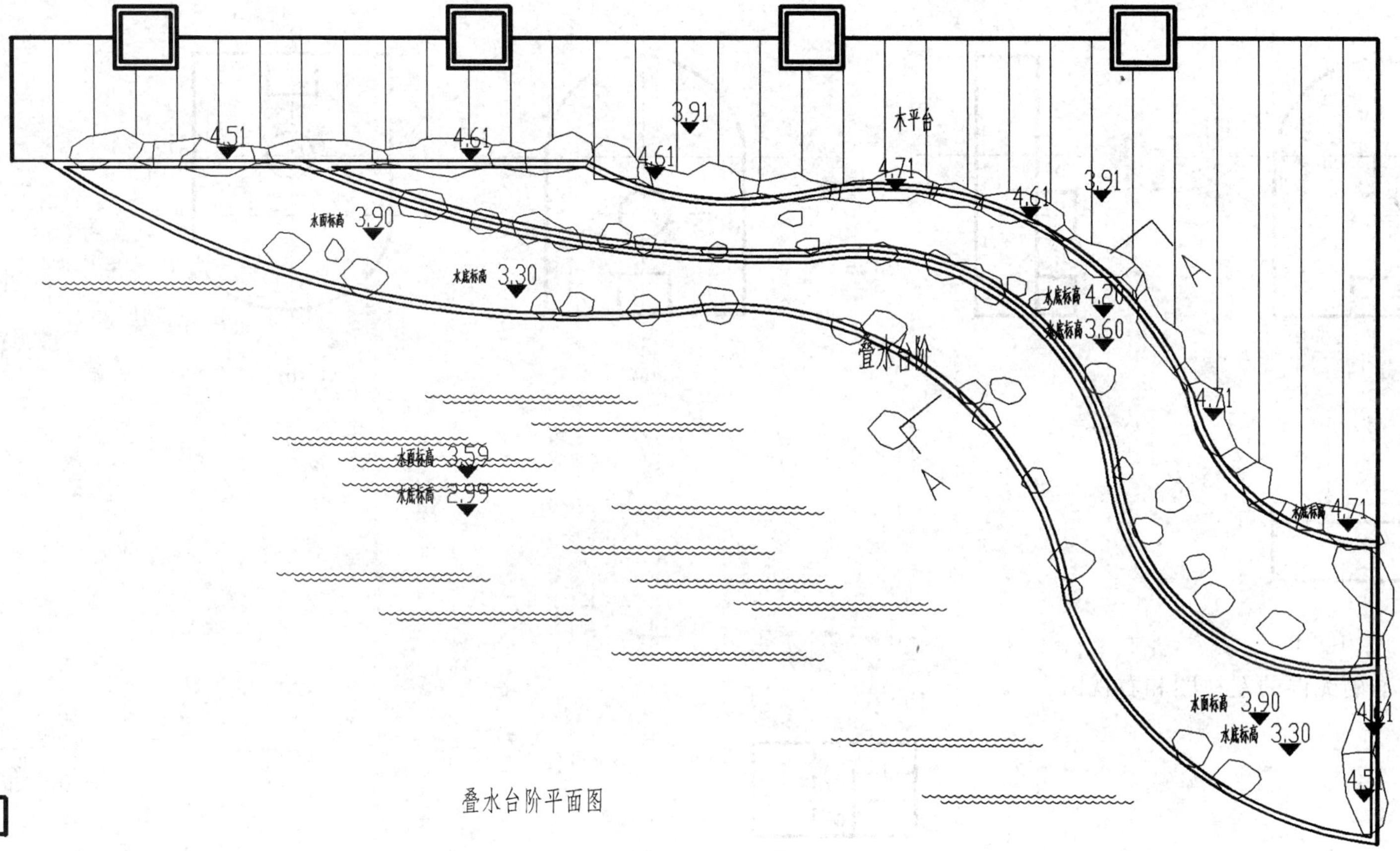

叠水台阶平面图

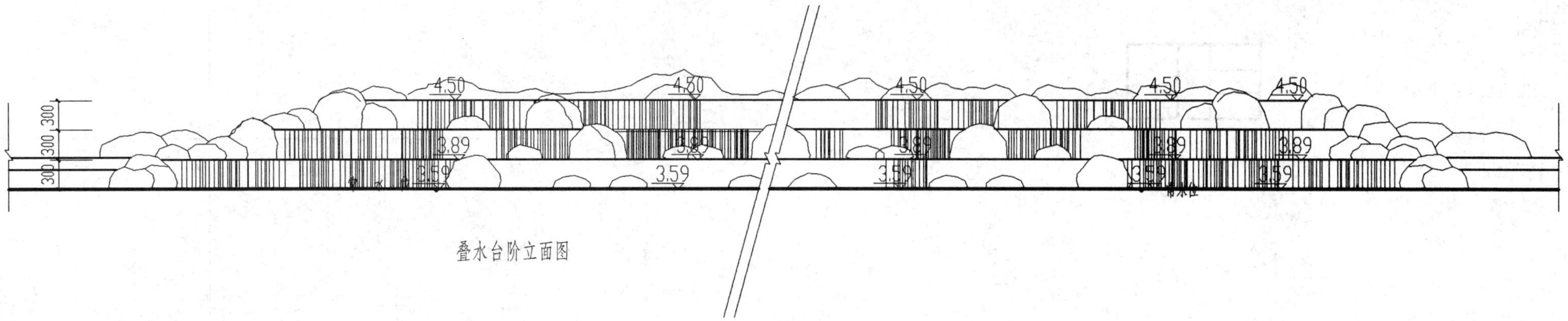

叠水台阶立面图

十、投影基础知识

1. 下面是某零件的三个视图，它的 A 向视图给出了(a)和(b)两个，正确的答案是________。

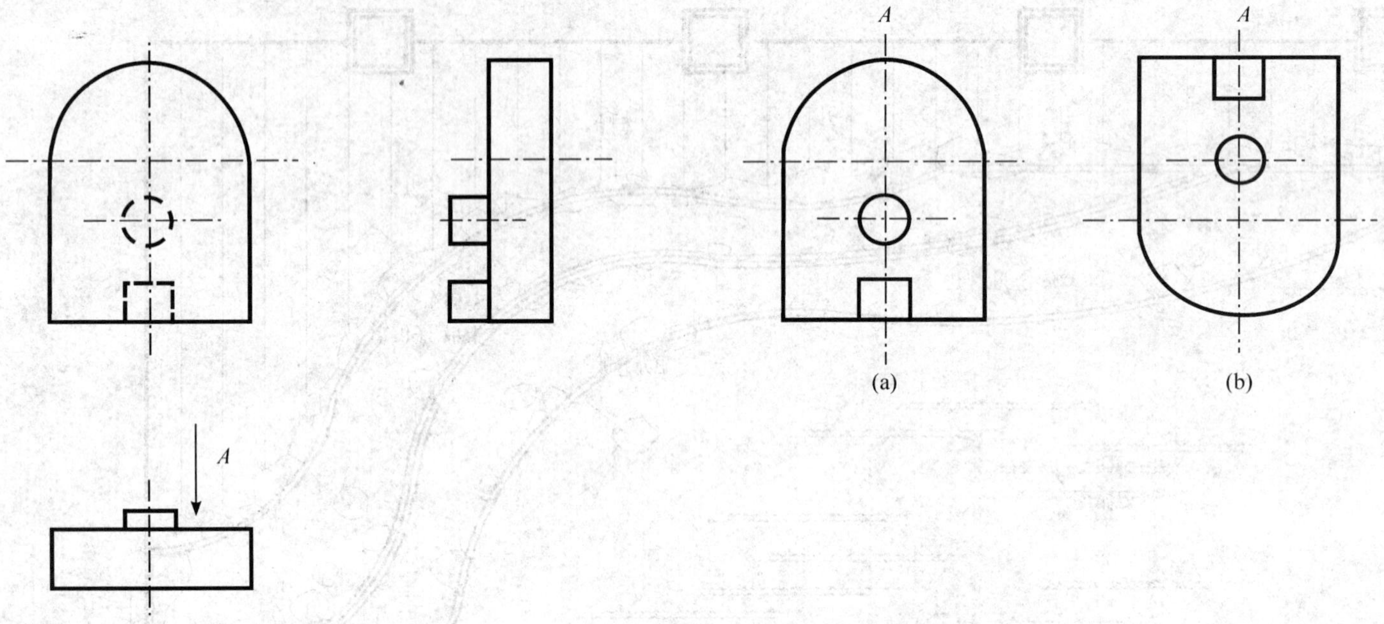

A.(a)　　B.(b)

2. 选择准确无误的左视图和右视图。

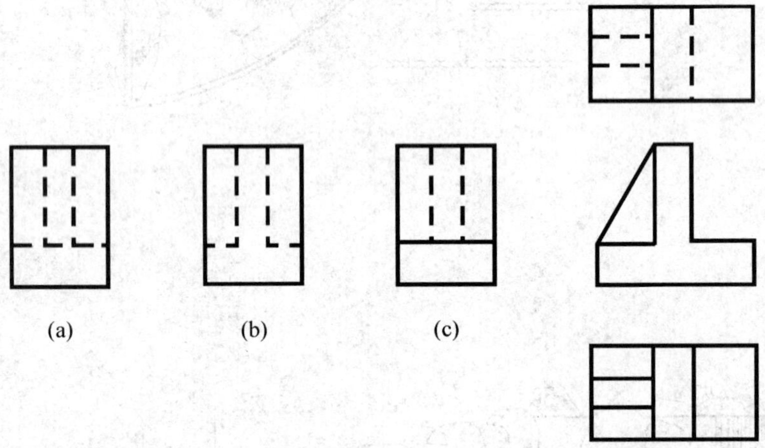

A.(a)(d)　　B.(c)(d)　　C.(b)(e)　　D.(c)(f)

十一、点、线、面投影

(一)点的投影

1. 根据已知点的两面投影，求作第三面投影。

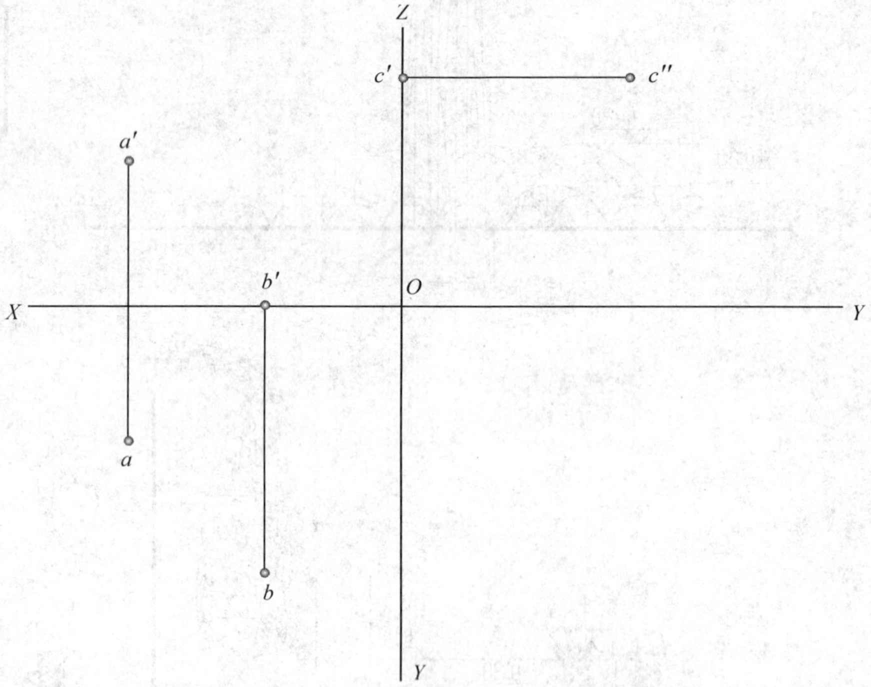

2. 已知 a_x，点 A 在 V 面前方 5，H 面上方 30；点 B 在点 A 右方 10，比 A 点低 15，并在 V 面前方 15。作出它们的三面投影图。

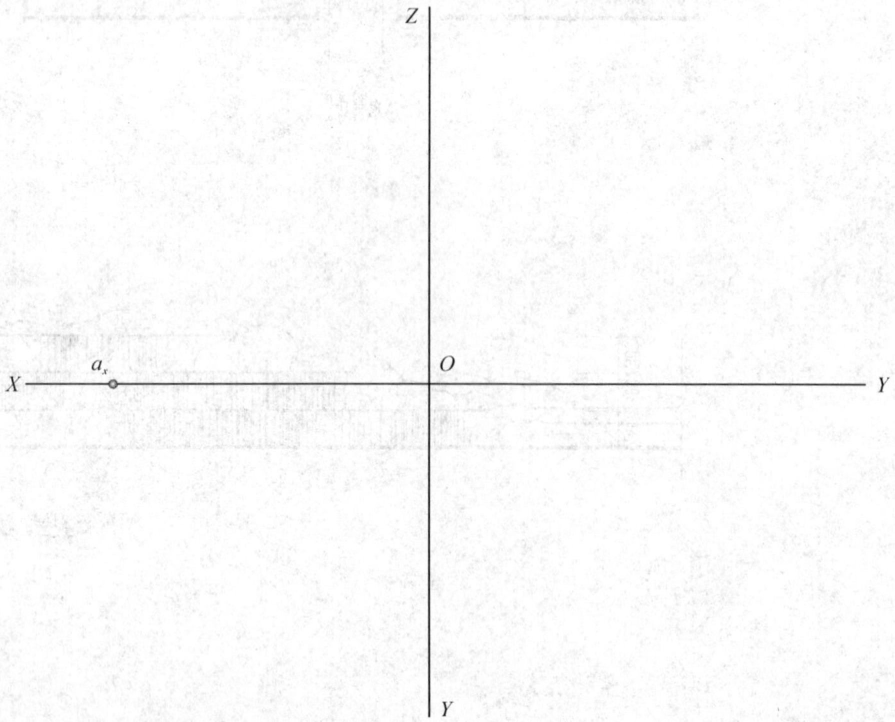

(二)直线的投影(直线上的点、直线与直线的位置关系)

1. 作下面直线的三面投影：

(1)水平线 *AB*,从点 *A* 向左、向前,长 20 mm。

(2)正垂线 *CD*,从点 *C* 向后,长 15 mm。

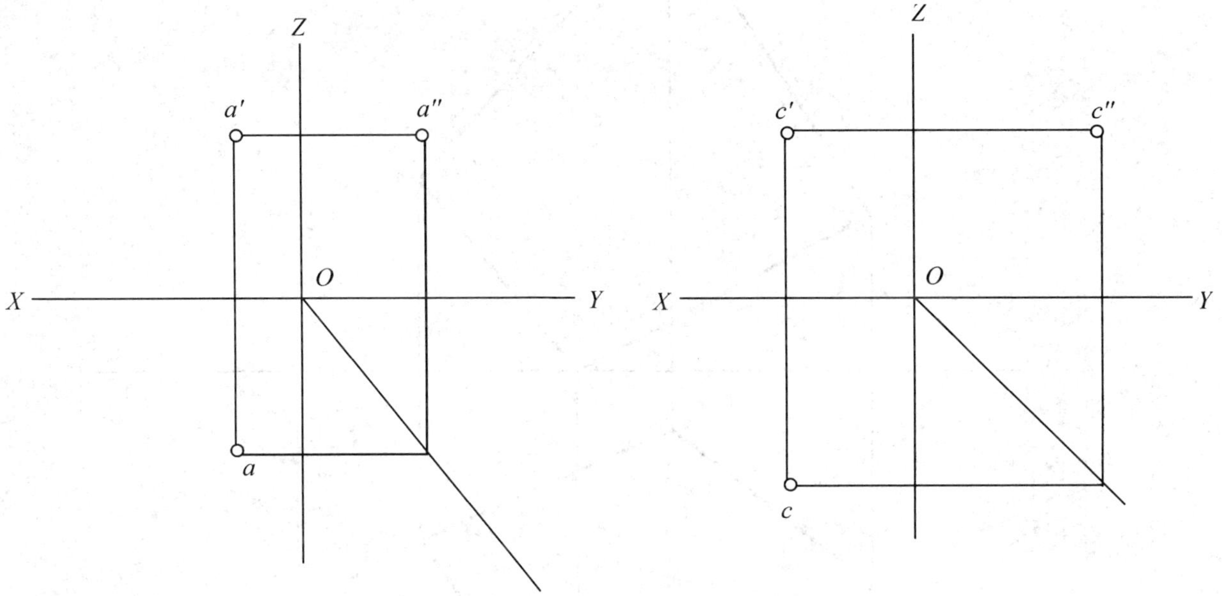

2. 判断下列直线相对于投影面的空间位置：

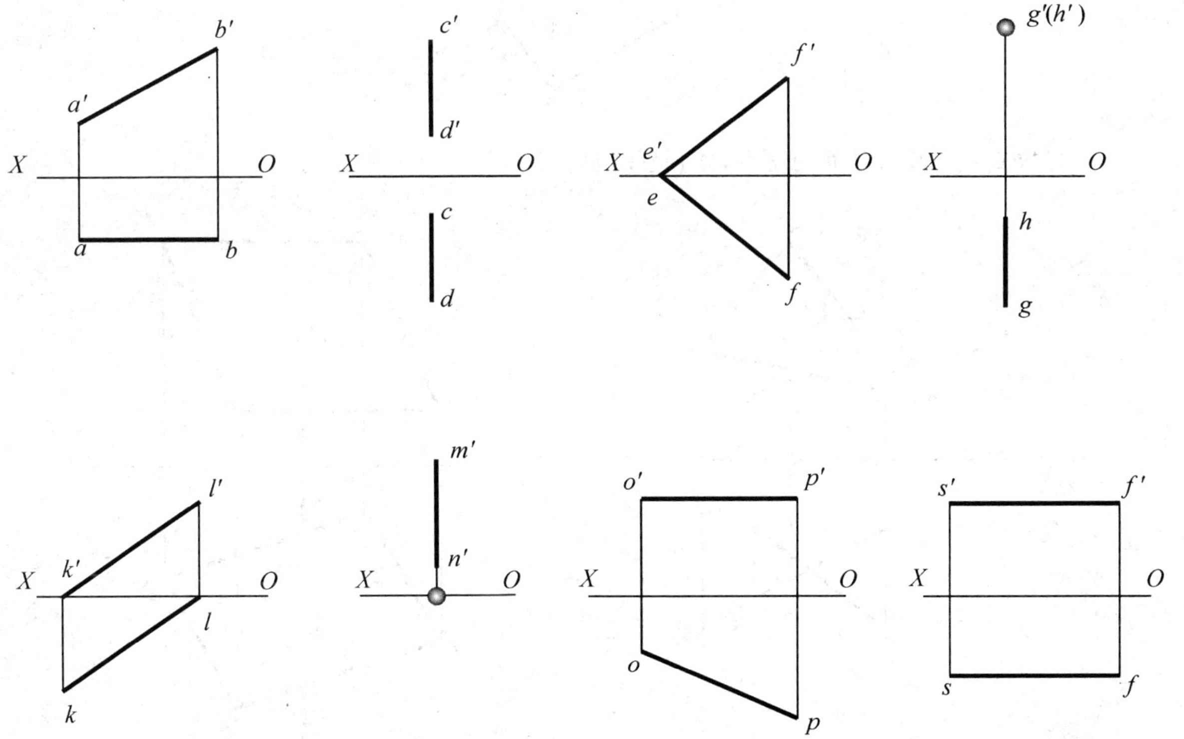

3. 判别 *AB* 和 *CD* 两直线的相对位置。(平行、相交、交叉)

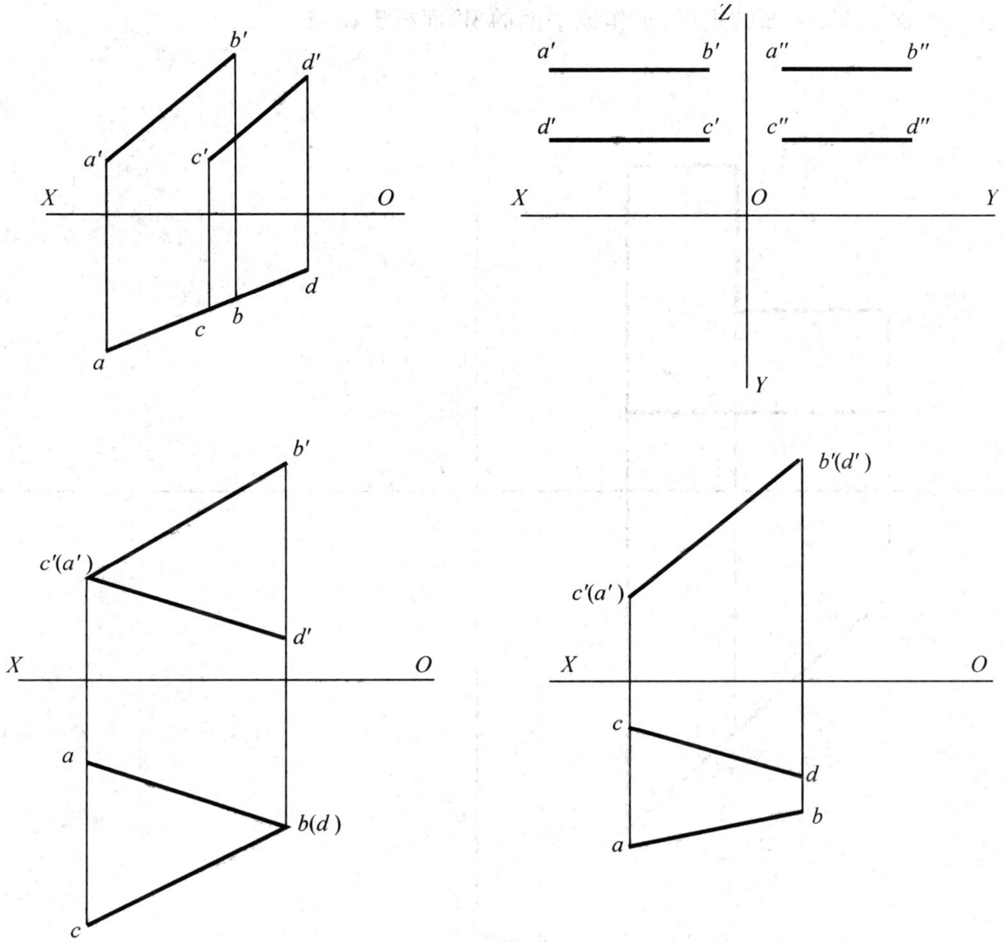

4. (1)过点 *A* 作直线 *AM* 与 *BC* 平行。

(2)作一正平线 *EF* 距离 *V* 面 15 ,并与已知直线 *AB* 和 *CD* 相交。

(1)

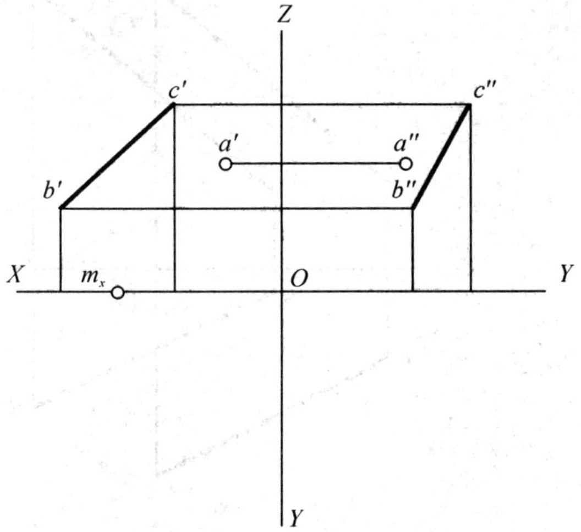

(2)

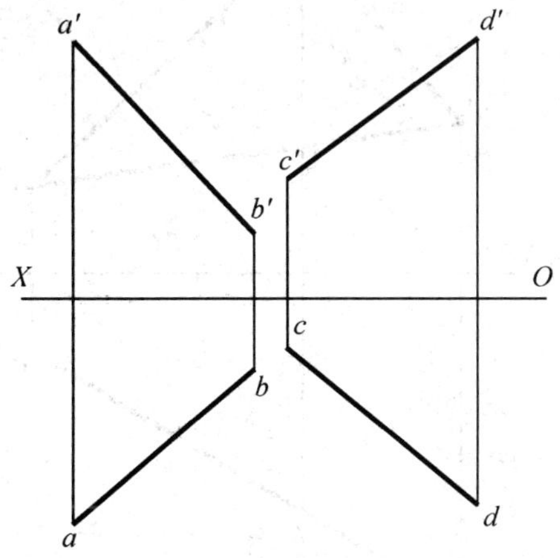

(三)面的投影(面上的点与线、平面与直线、平面与平面的位置关系)

1. 已知平面的 V、H 面的投影,求作该平面的 W 面投影。

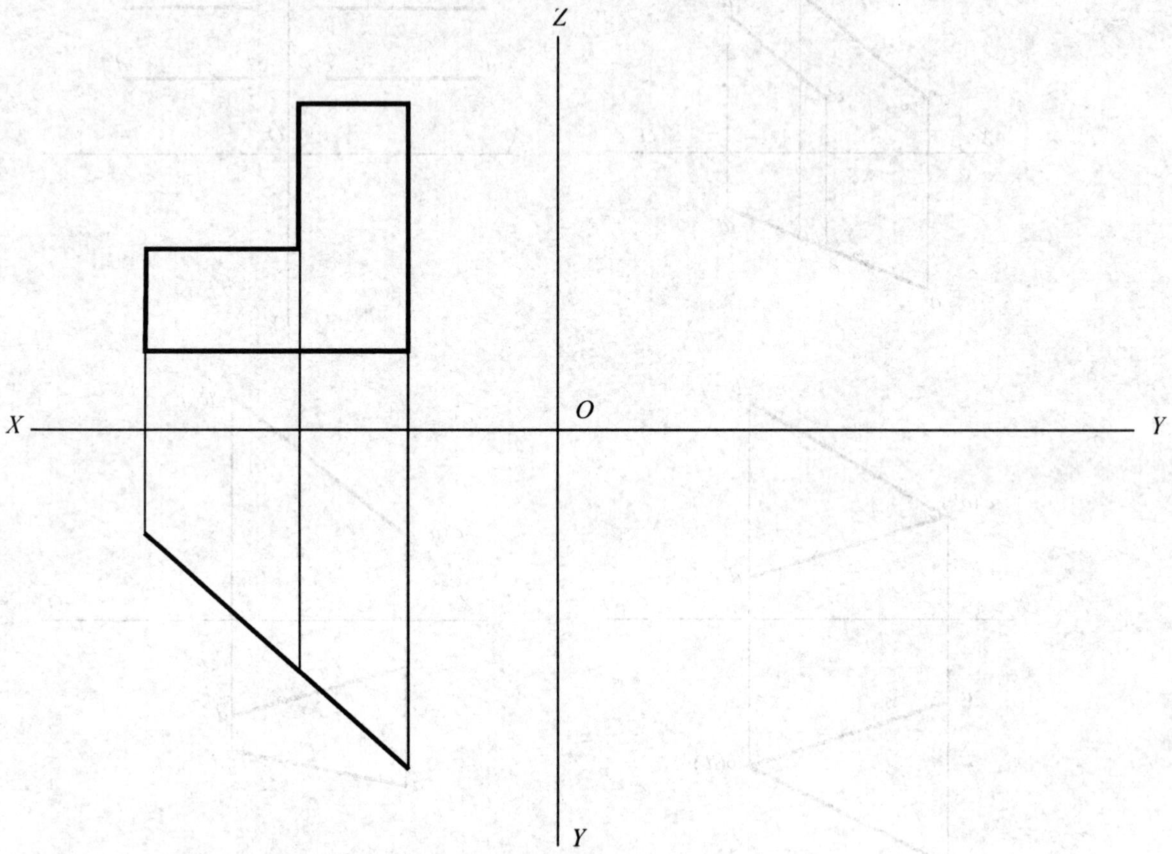

2. 已知平面上点 K 的一个投影,求另一个投影。

(1)

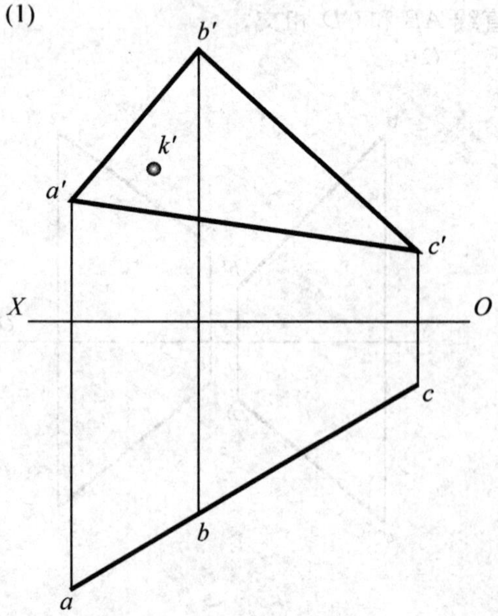

(2)

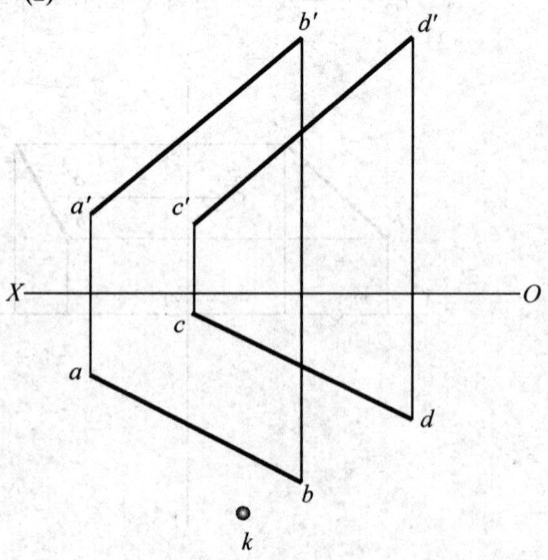

3. 完成 $DEFG$ 平面上△ABC 的投影。

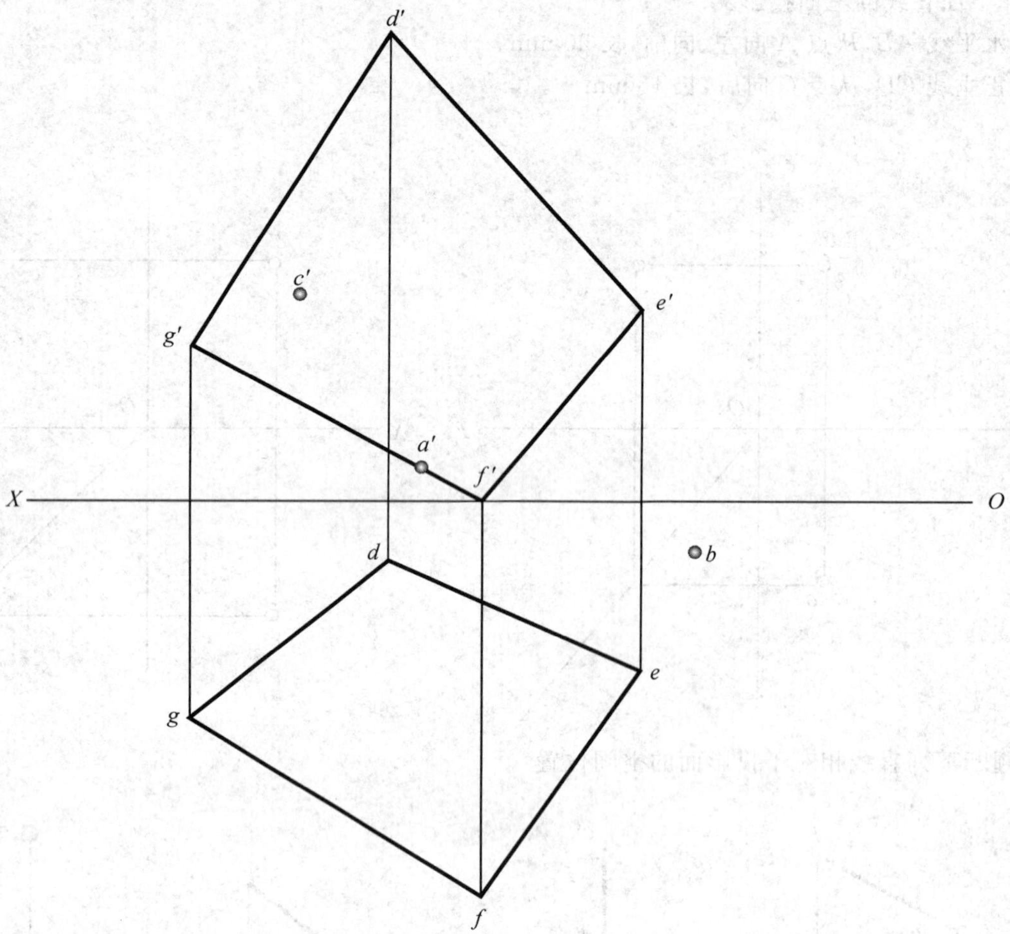

4. 求直线 AB 与平面的交点,并判别可见性。

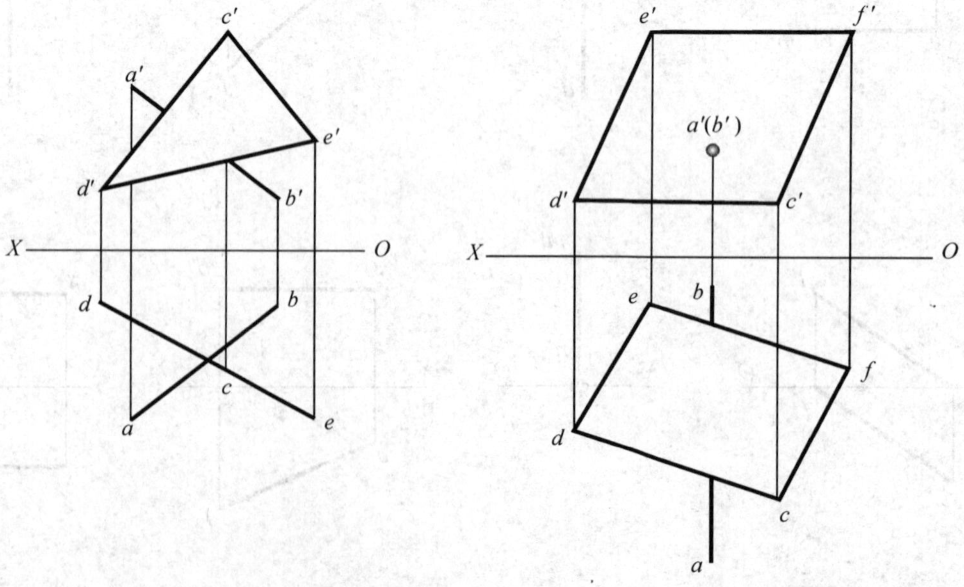

十二、剖面图和断面图

1. 作出 1-1，2-2，3-3，4-4 剖面图：

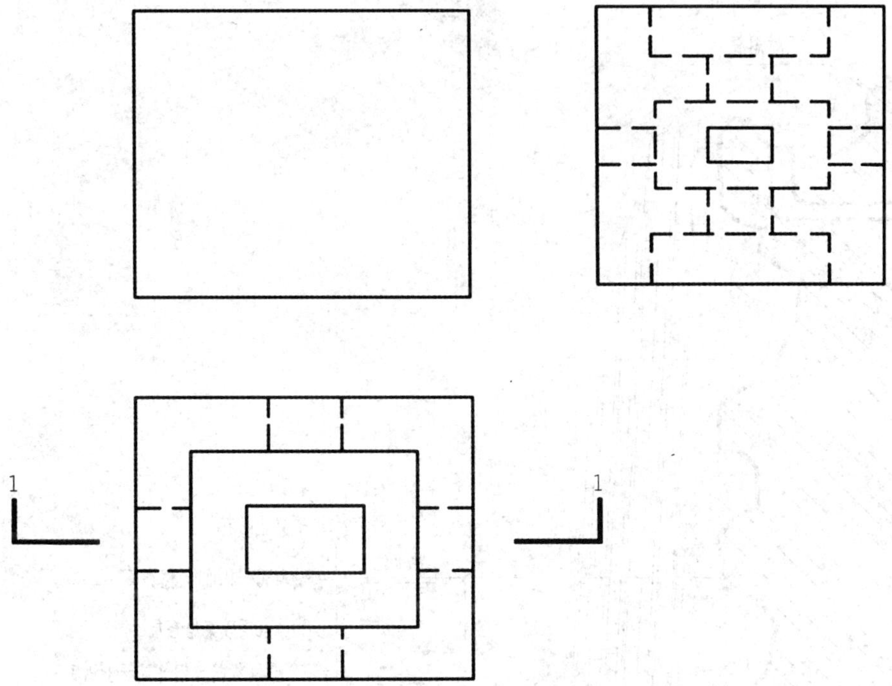

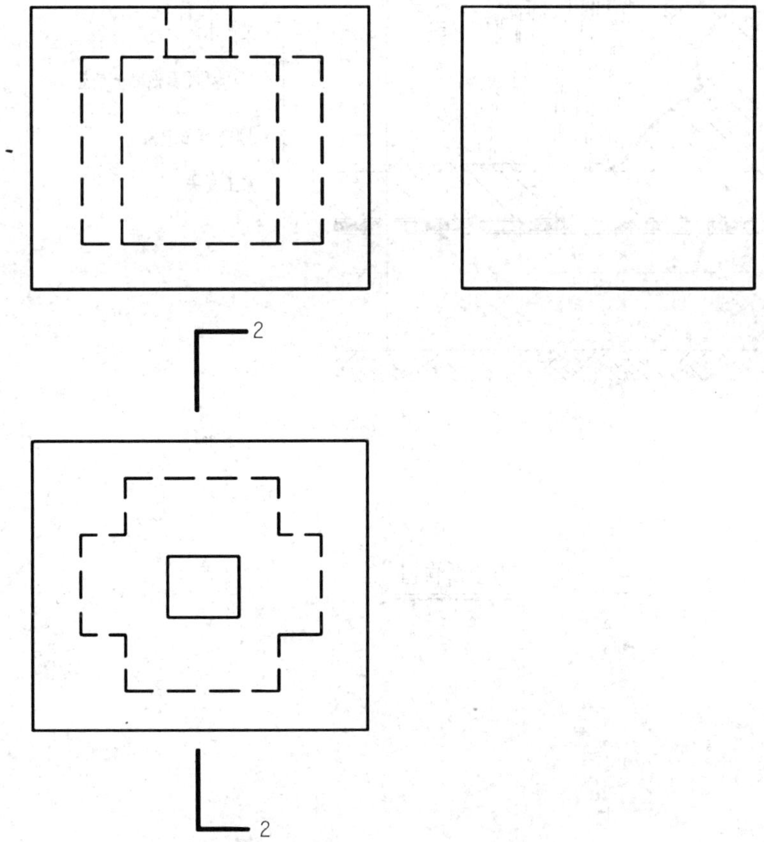

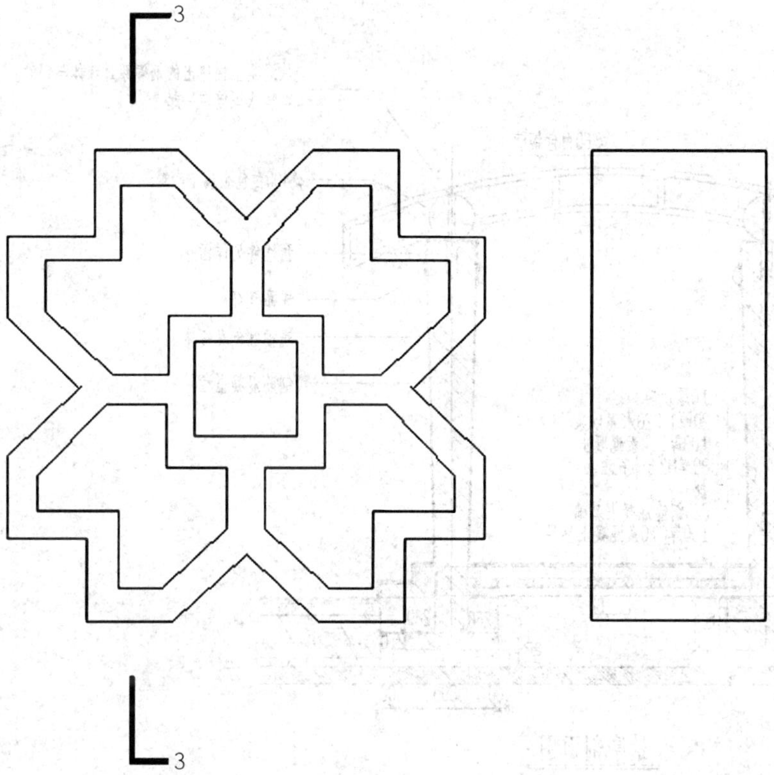

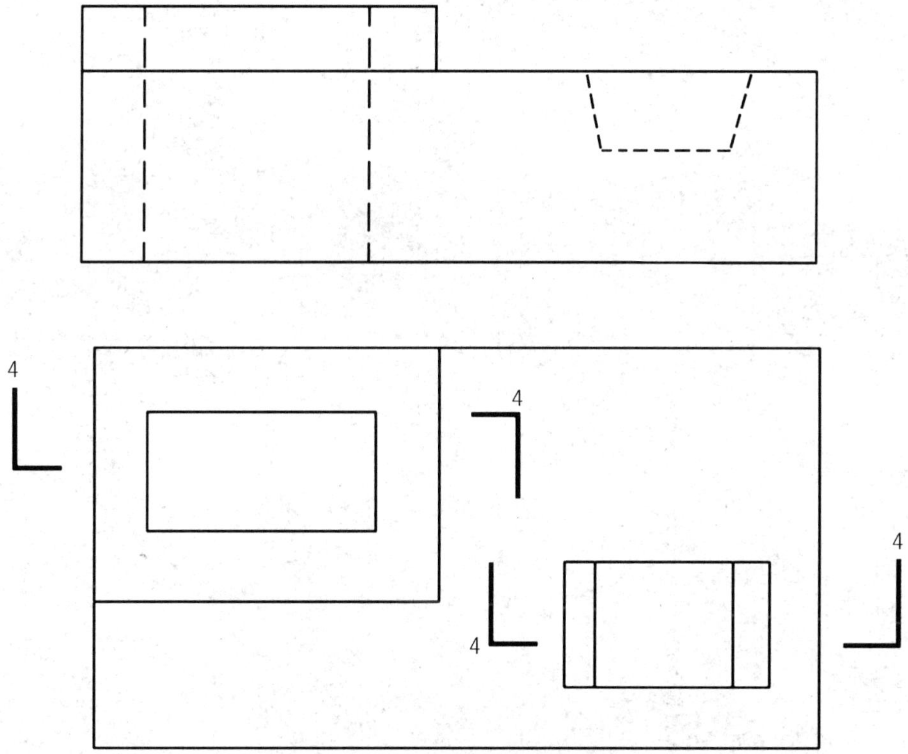

2. 抄绘下列剖面图：

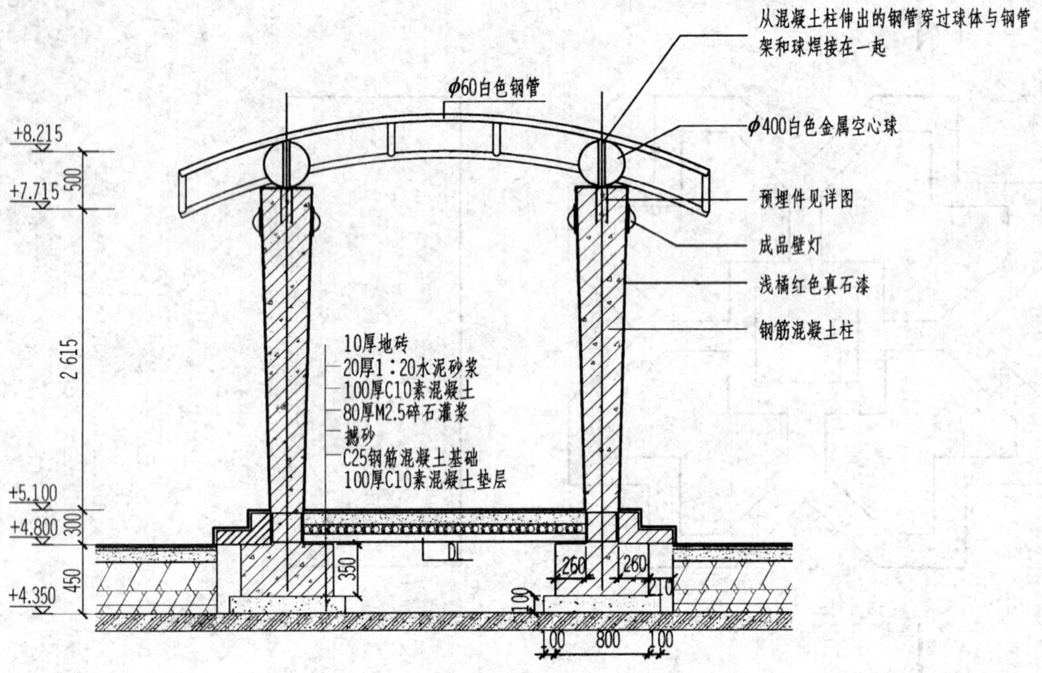

景亭剖面图

3. 抄绘下列断面图：

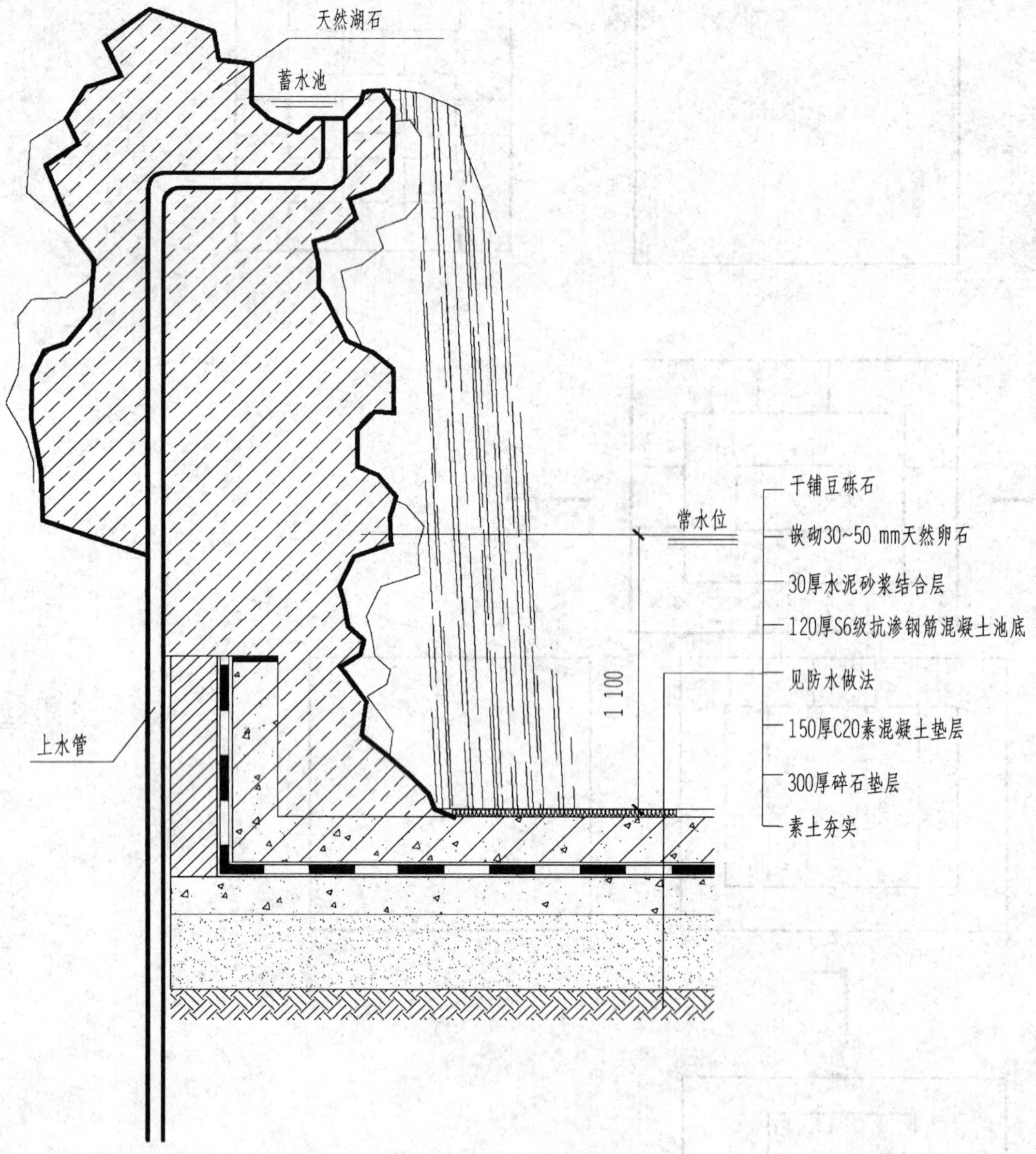

假山断面图

4. 抄绘园路剖面图：

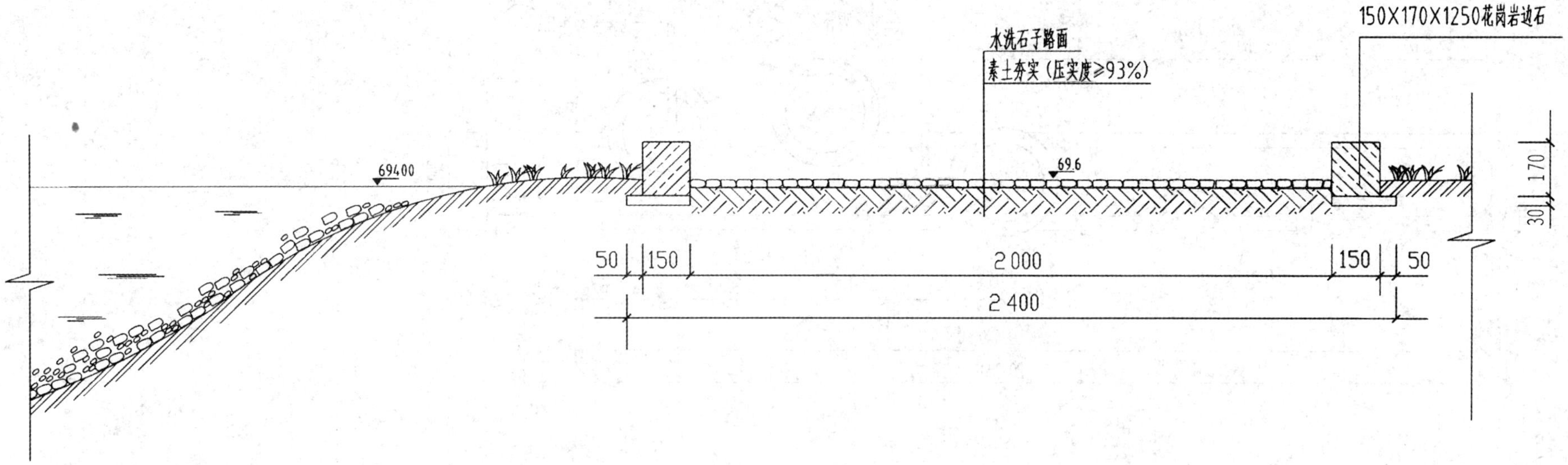

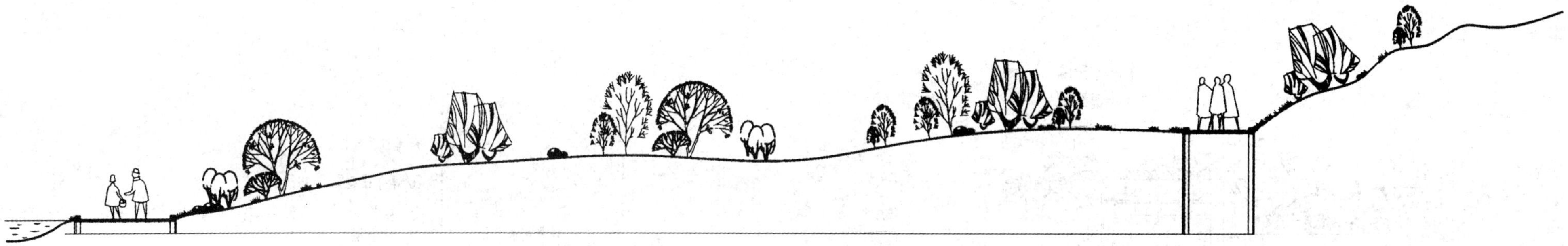

园路剖面图

十三、园林建筑图及小品

抄绘下例图纸。提示：平面图：轮廓线、尺寸起止符号用中实线；装饰线、图例线、尺寸线、索引符号用细实线；剖切符号用粗实线。剖面图：剖切到的主要轮廓线用粗实线；未被剖切到的可见轮廓线用中实线；装饰线、尺寸线、图例线、索引符号等用细实线。立面图：地平线用特粗线；主要轮廓线用中实线；装饰线、尺寸线、图例线、索引符号等用细实线。

（一）花池、树池设计图

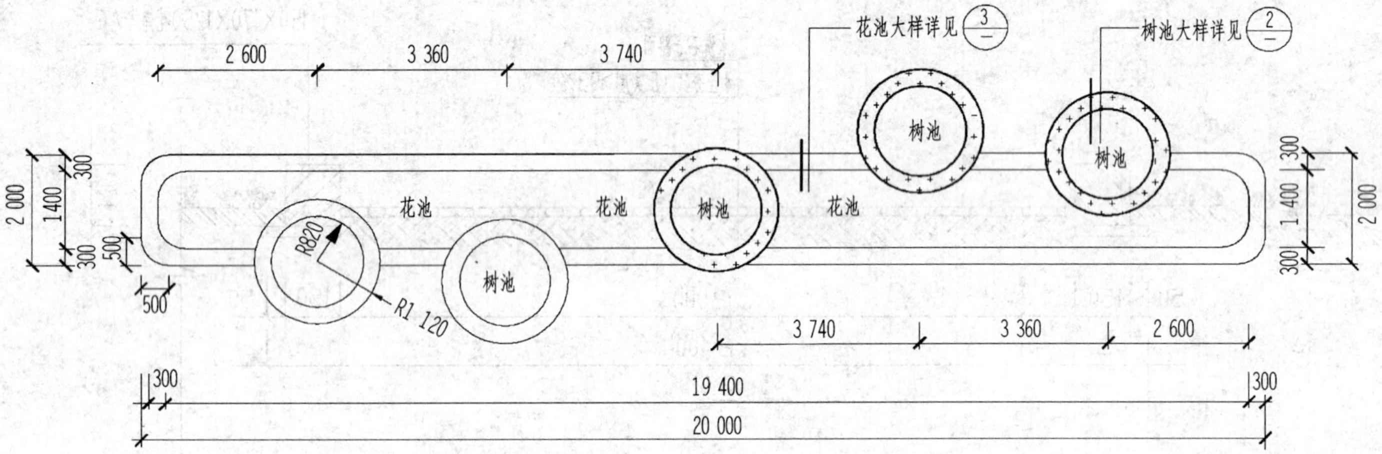

花池、树池平面 1：100

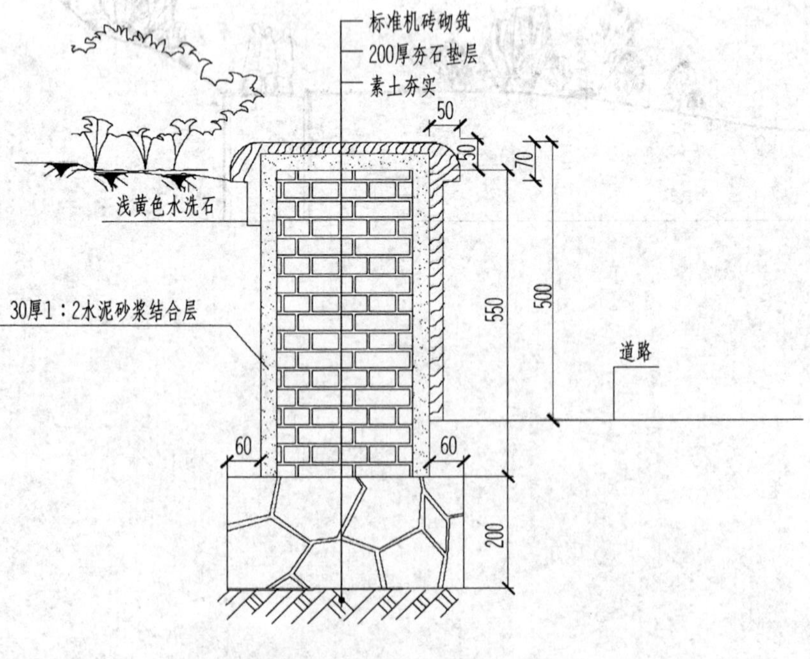

② 树池大样 1：100

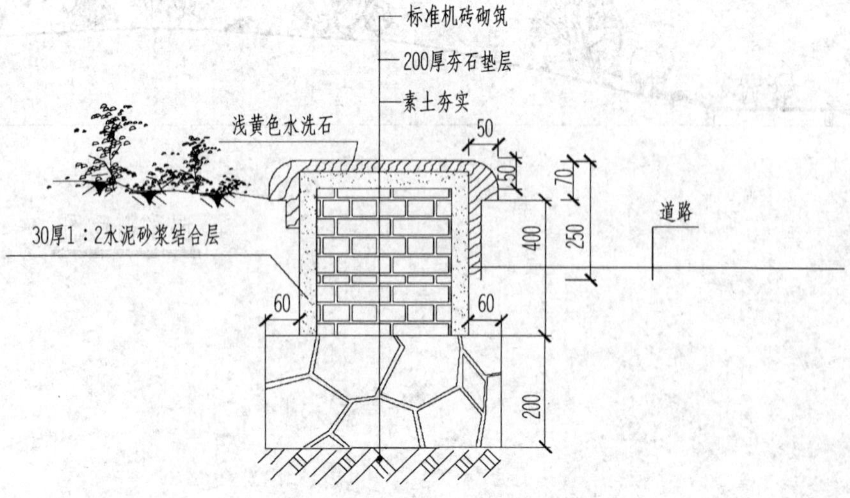

③ 花池大样 1：100

(二)仿木桩坐凳设计图

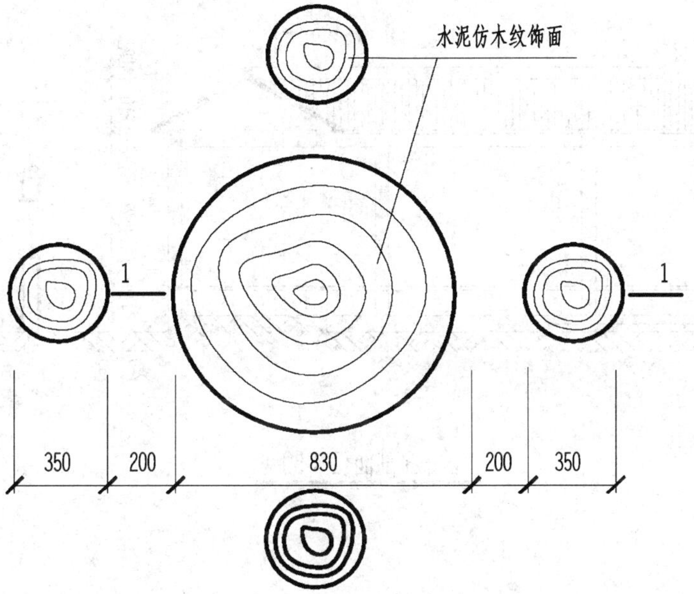

仿木桩坐凳平面图 1:10

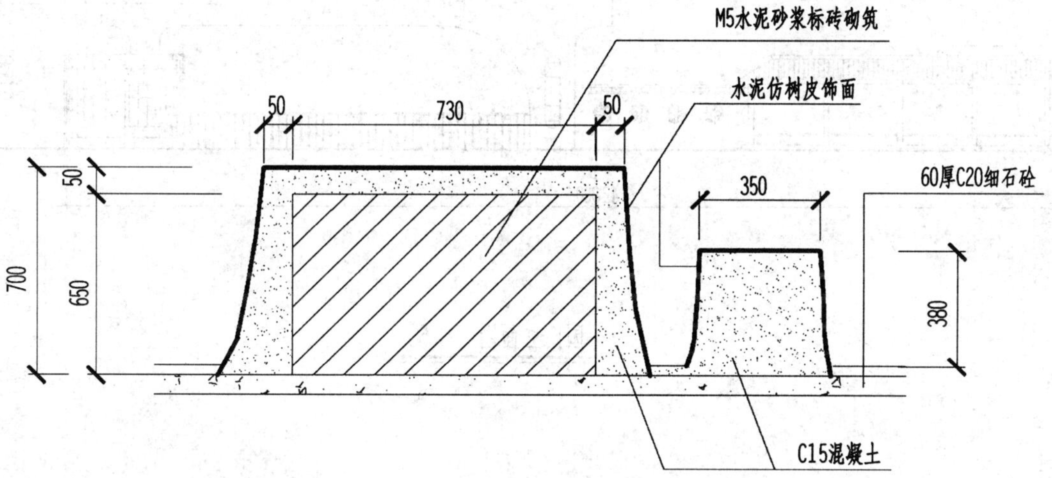

1—1断面 仿木桩坐凳详图 1:10

（三）园门设计图

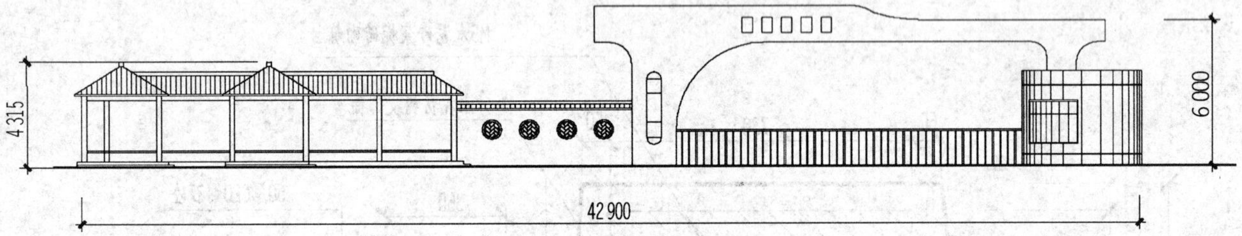

园门立面图 1∶50

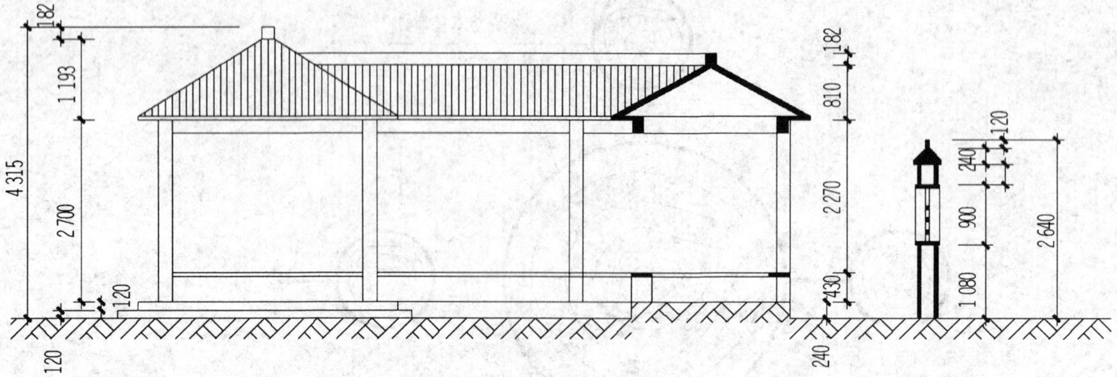

B–*B* 剖面 1∶50

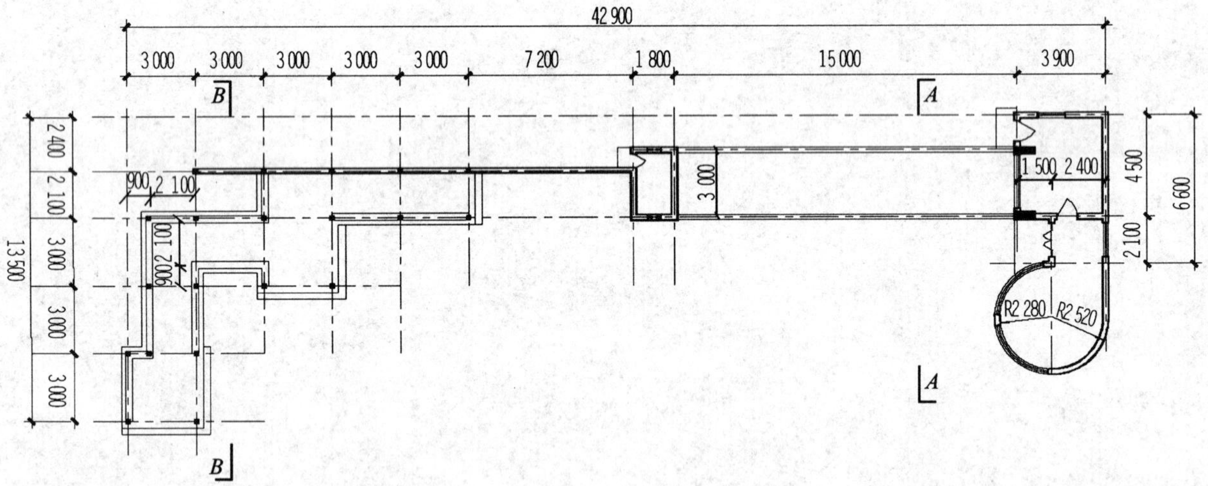

园门平面图 1∶50

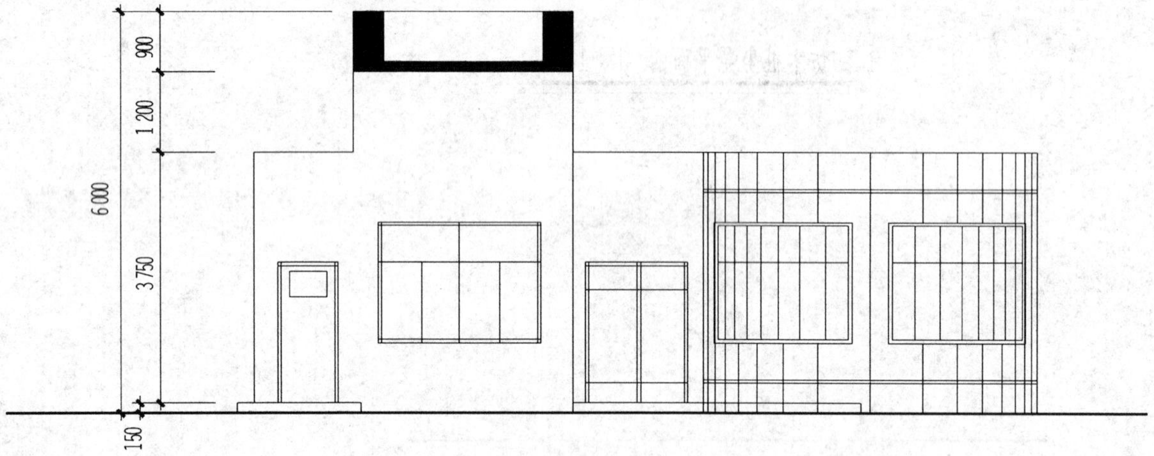

A–*A* 剖面 1∶50

(四)园桥设计图

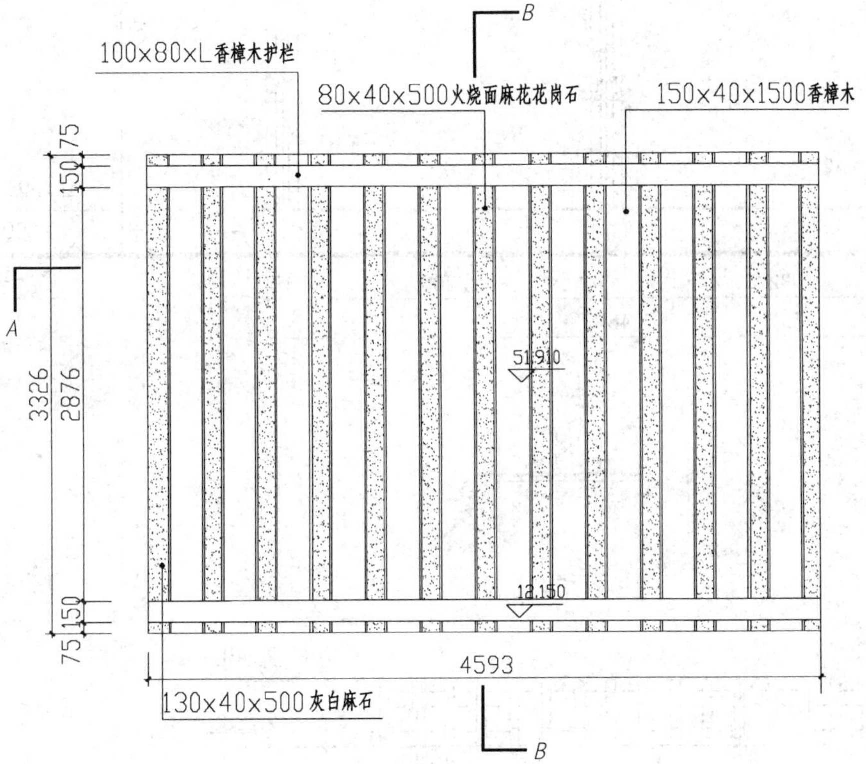

桥平面图1:50

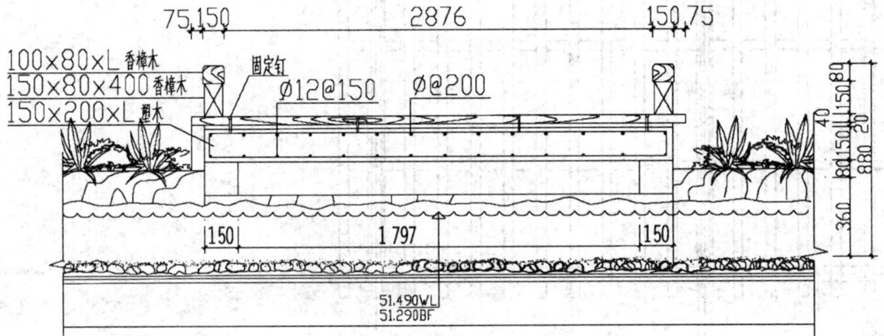

B-B剖面图1:50

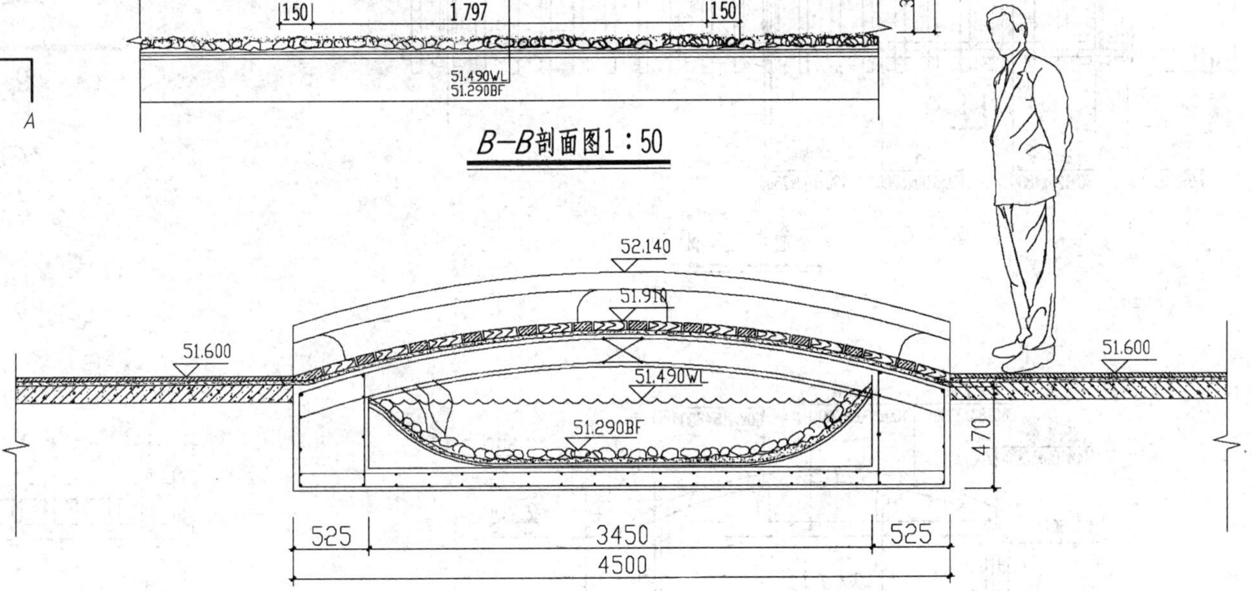

A-A剖面图1:50

（五）花架设计图

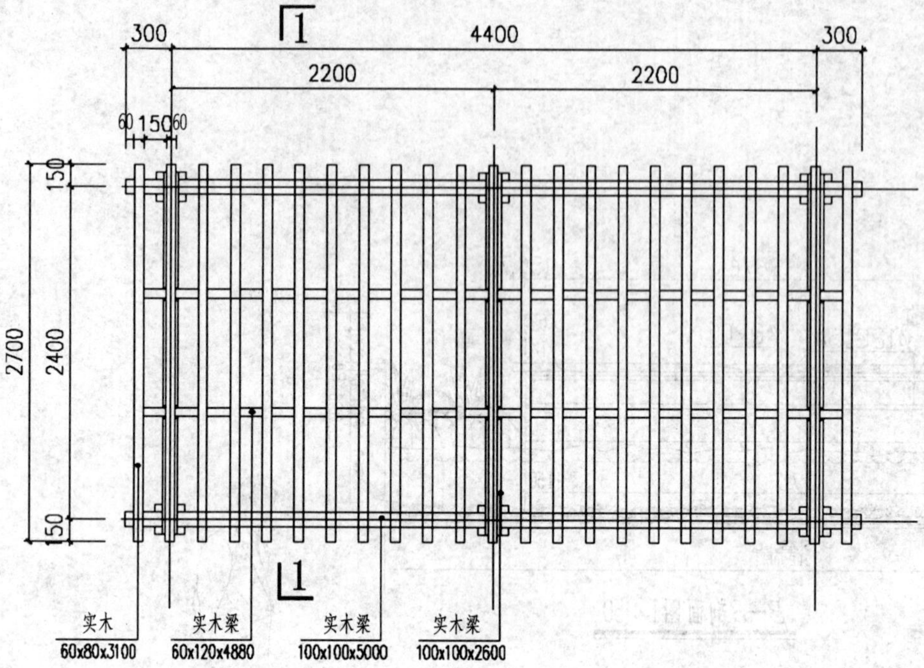

平面图 1：50

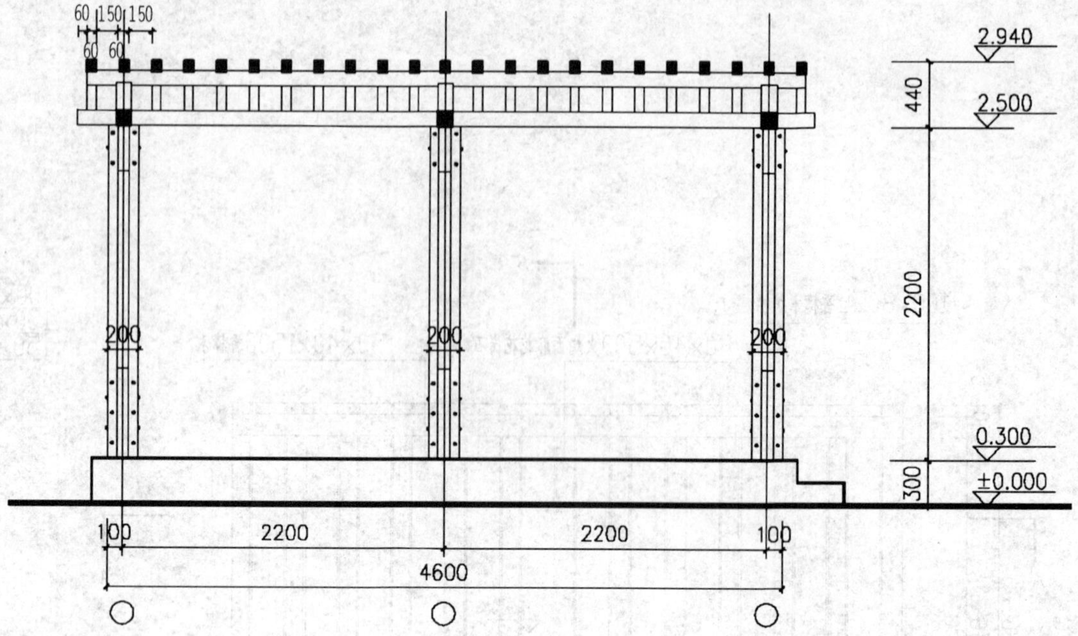

1-1剖图 1：50

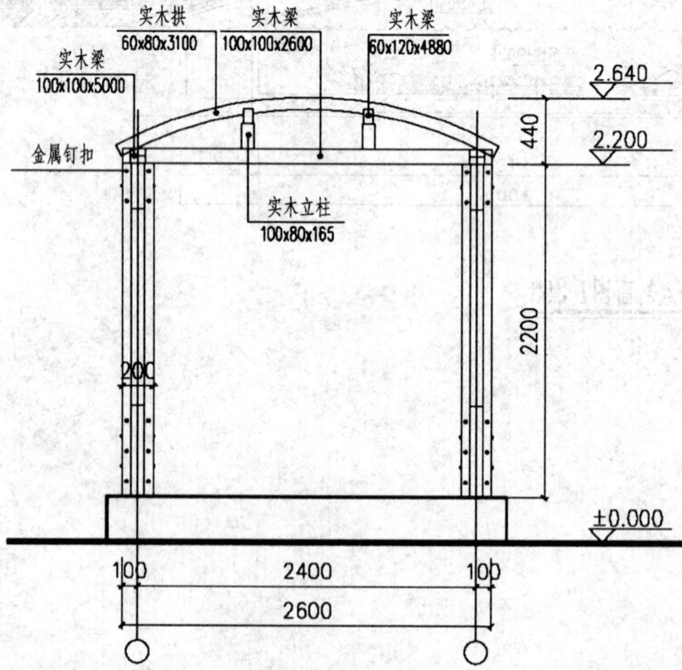

侧立面图 1：50

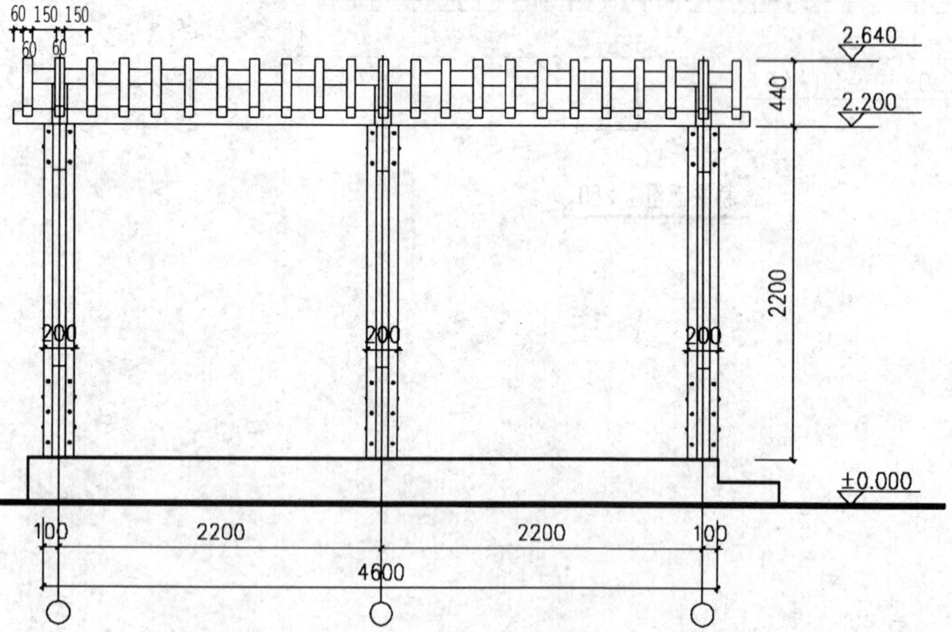

正立面图 1：50

十四、园林轴测图

(一)根据正投影图作正等轴测图

(1)

(2)

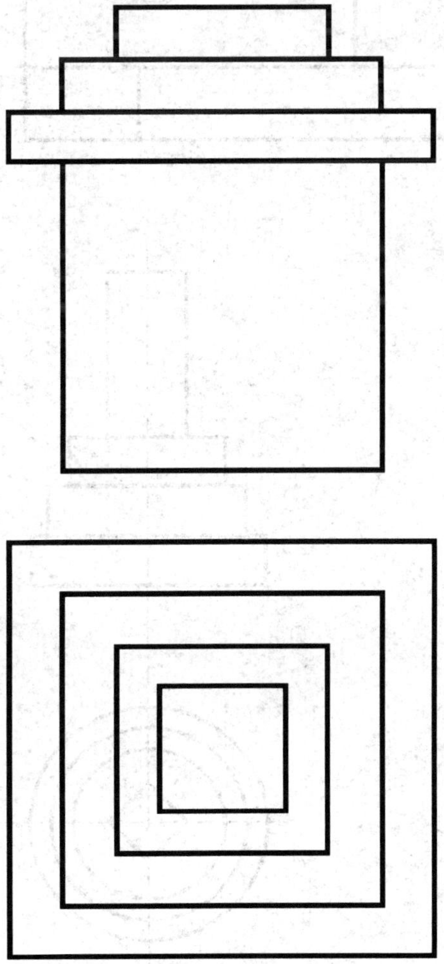

(3)

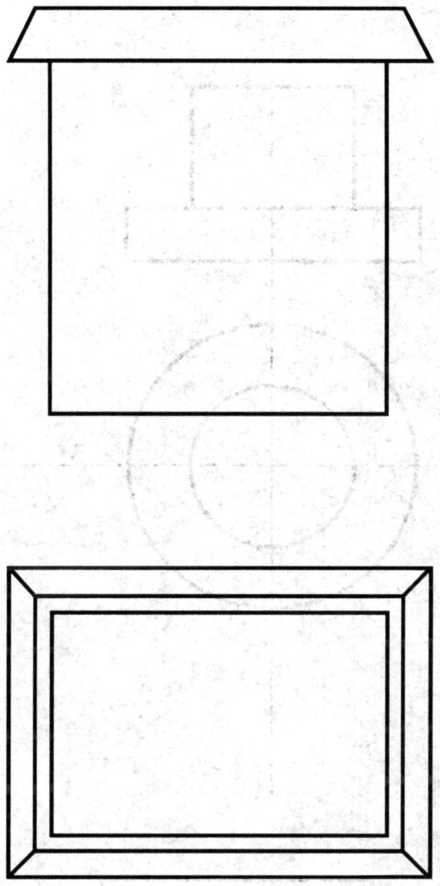

(4)

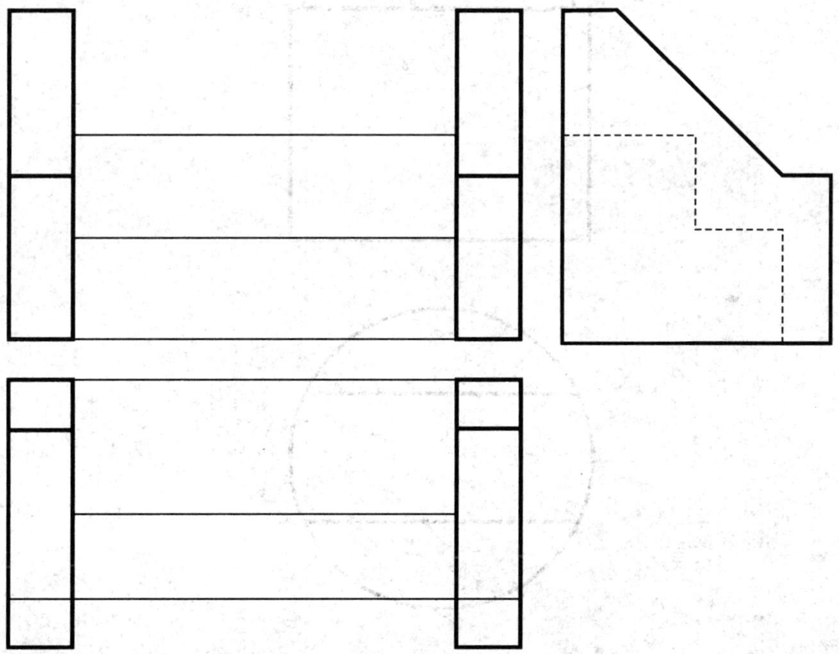

(5)

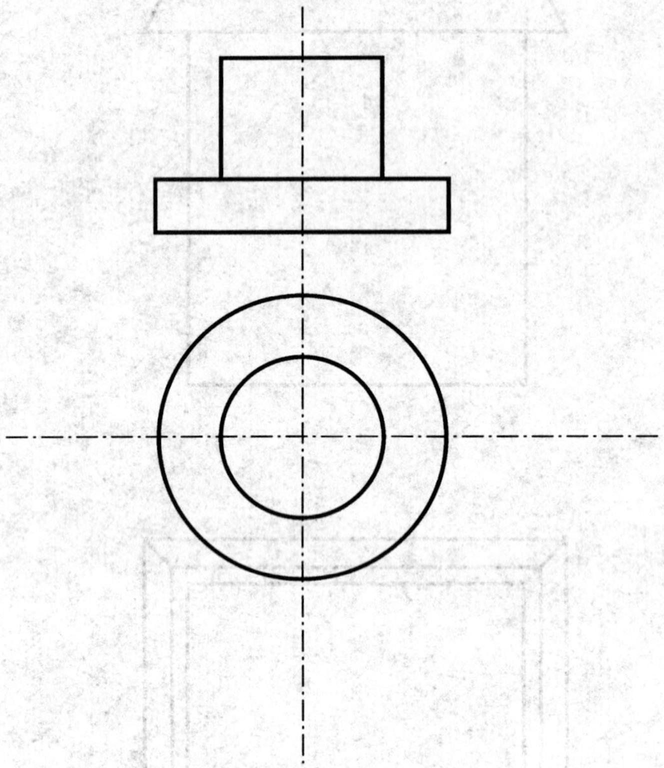

(6)

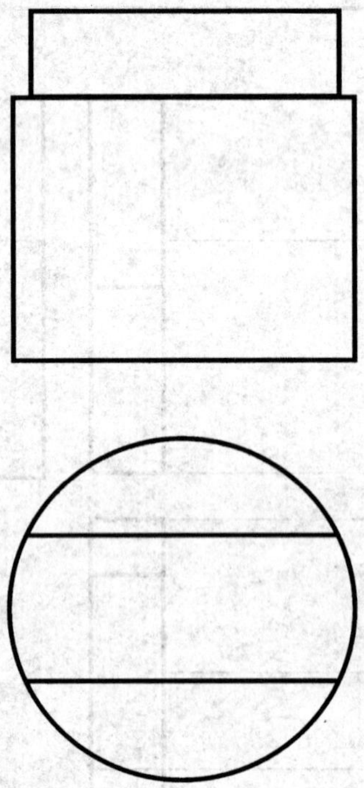

(二)根据正投影图作正二测图

(1)

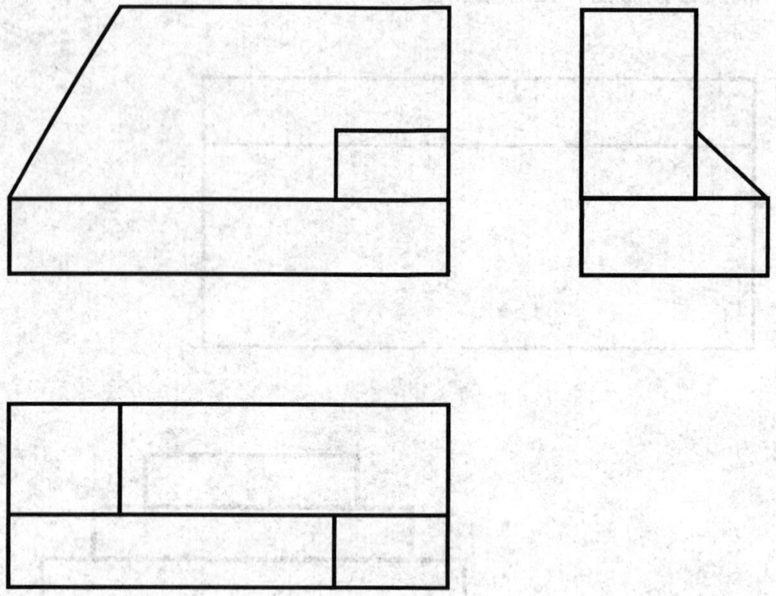

(2)

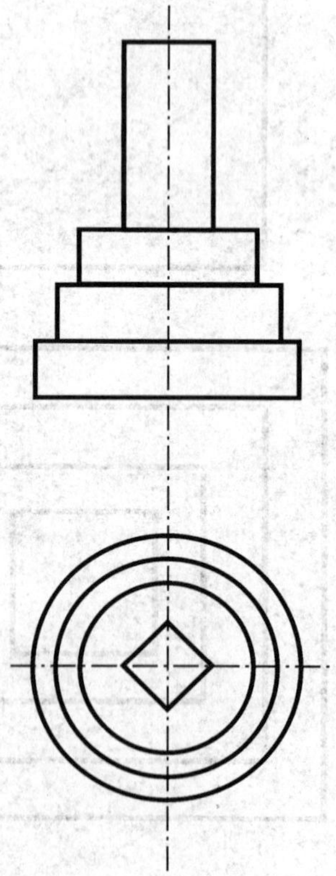

(三)根据正投影图作正面斜轴测图

(1)

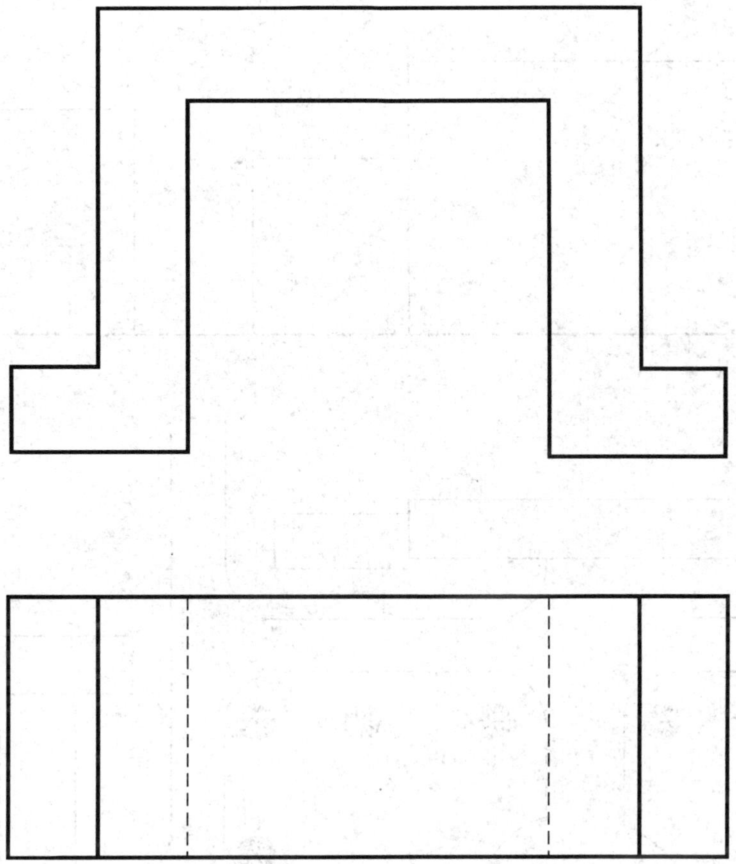

(2)

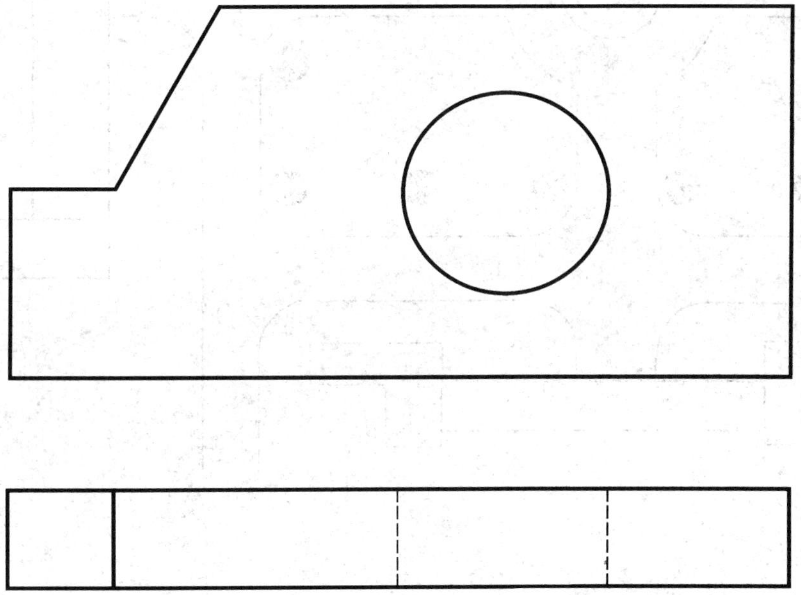

(3)

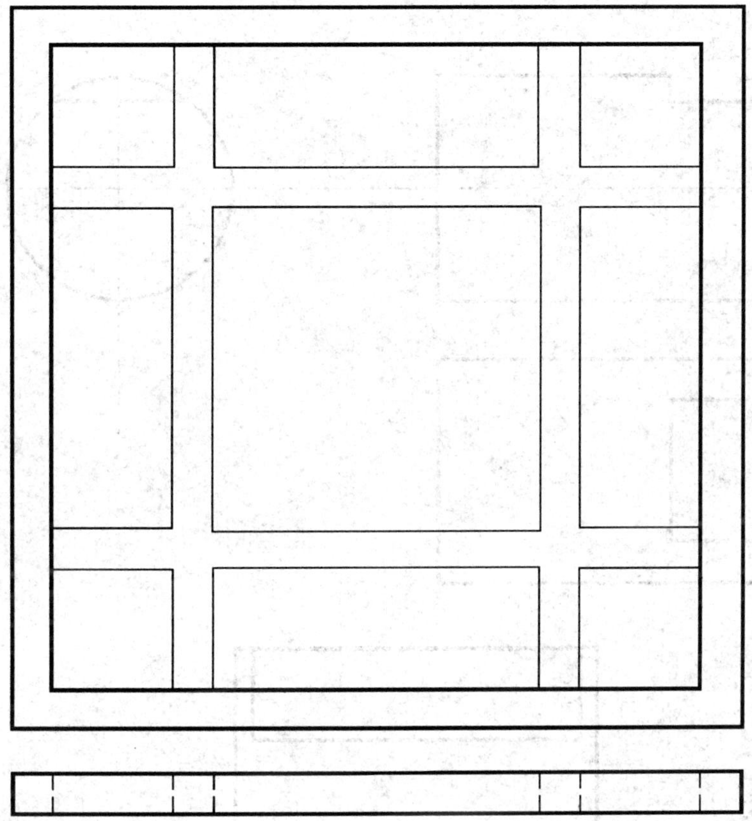

(4)

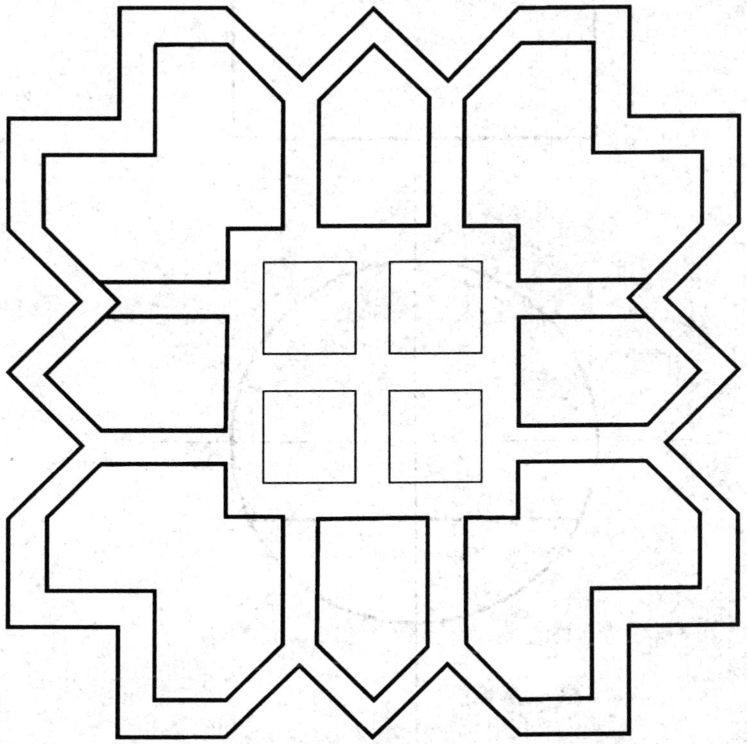

(5)

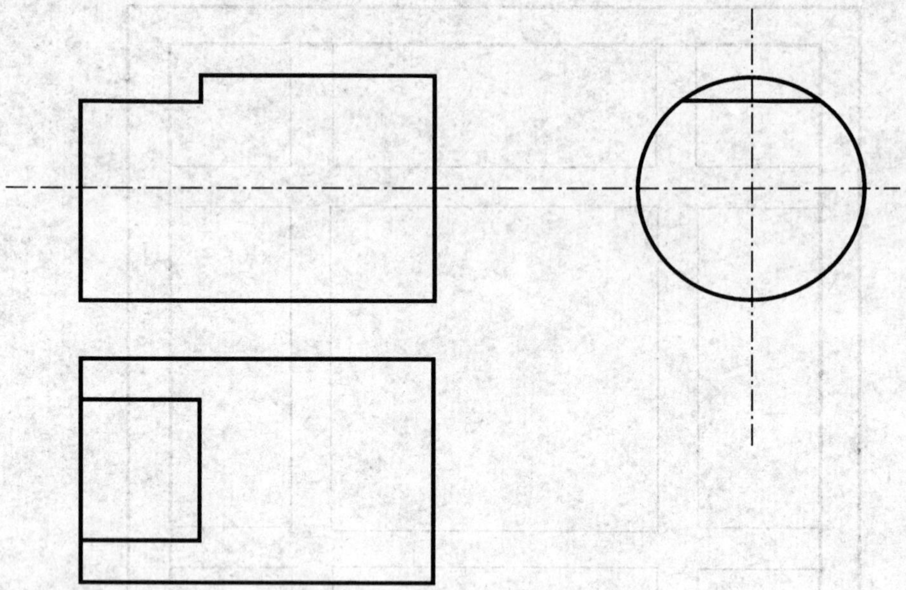

(6)

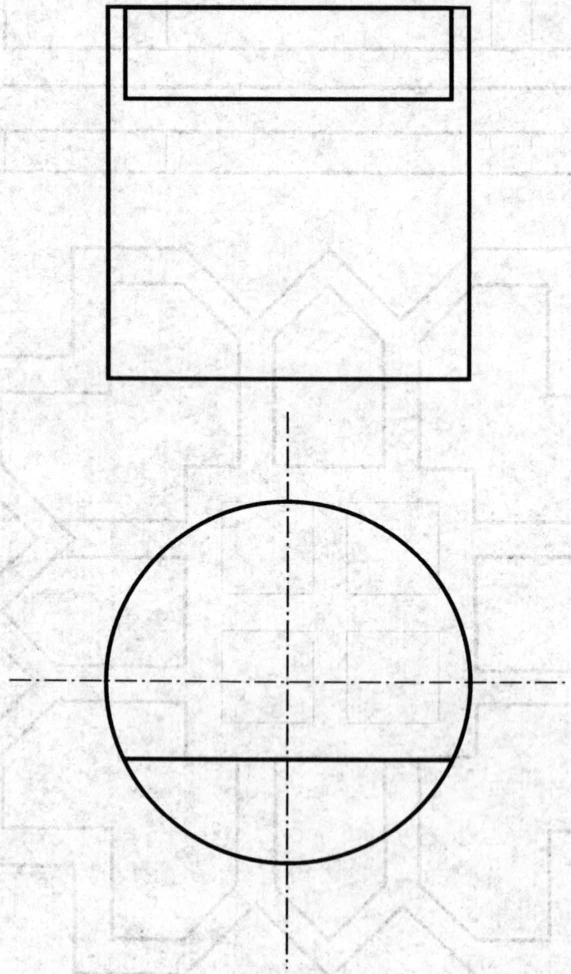

(四)根据平面、立面图绘制水平斜轴测图

(1)

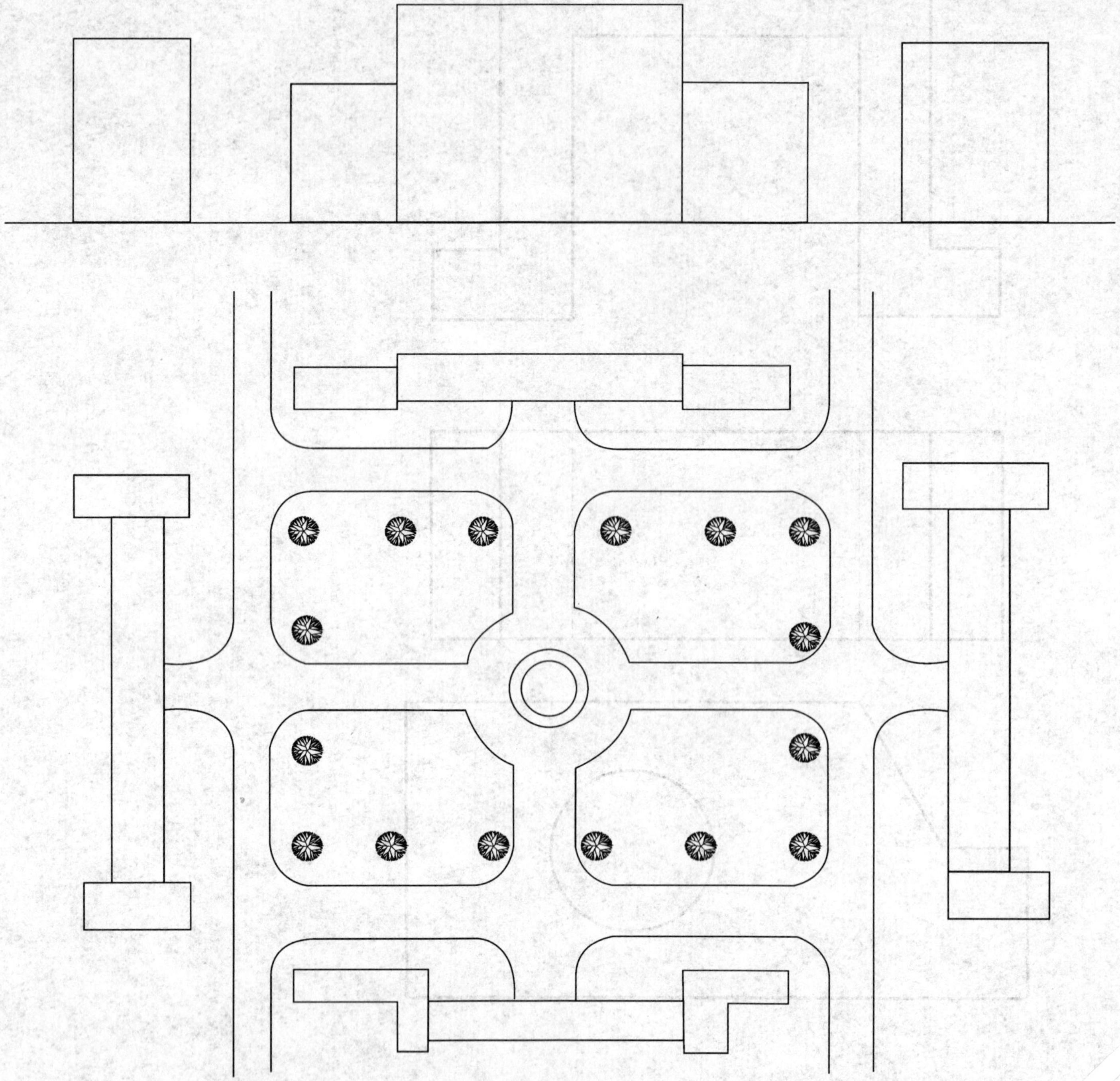

(2)

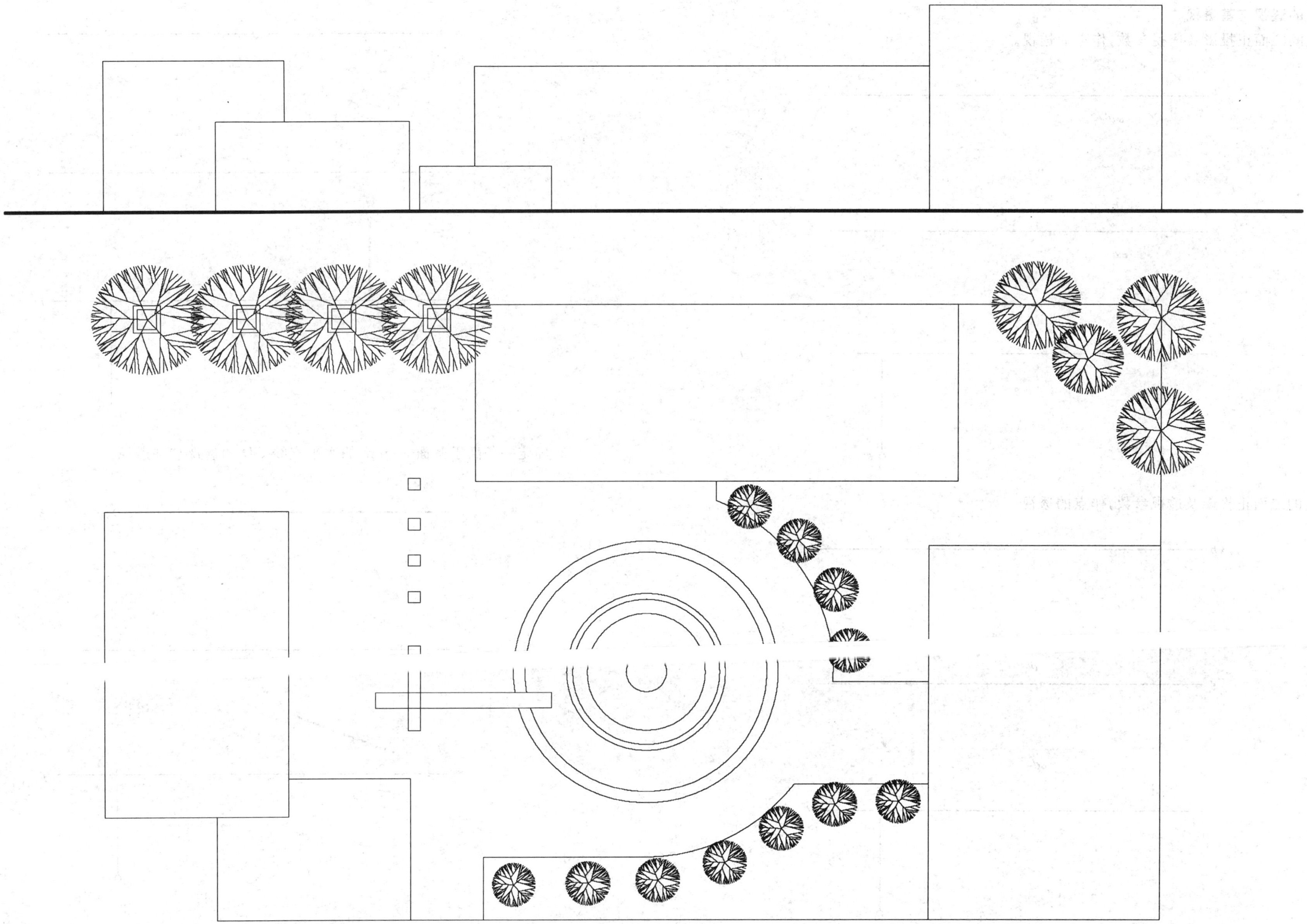

十五、园林透视图

(一)求点的透视与基透视

1. 已知点的二面正投影及透视参数,作点的透视。

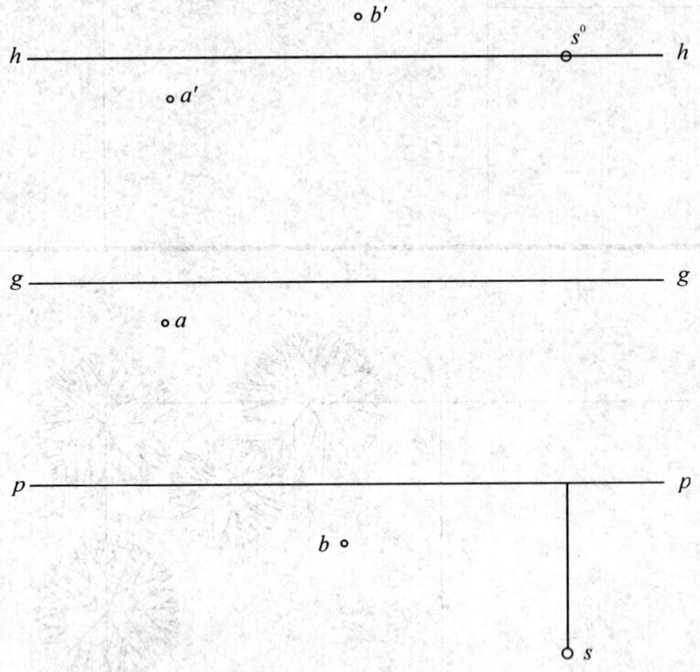

2. 已知点的二面正投影及透视参数,作点的透视。

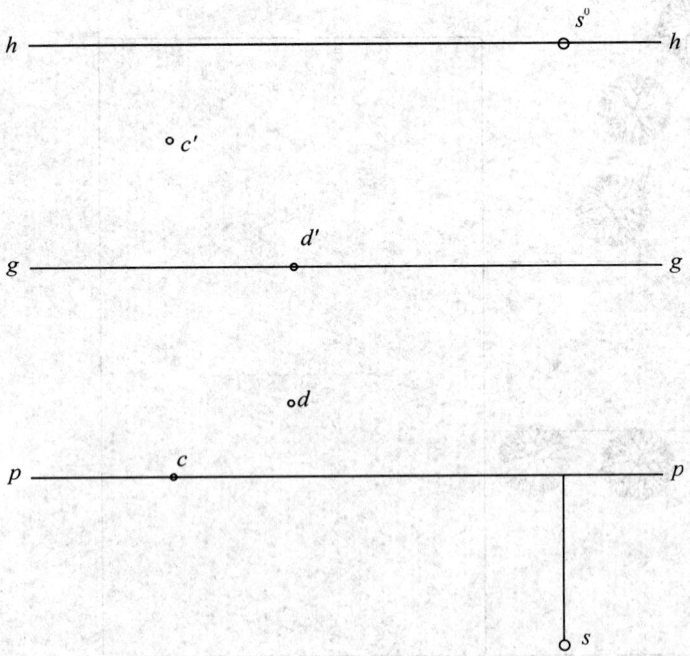

(二)求直线的透视与基透视

1. 已知画面垂直线 AB 距离基面为 30 mm,求画面垂直线的透视与基透视。

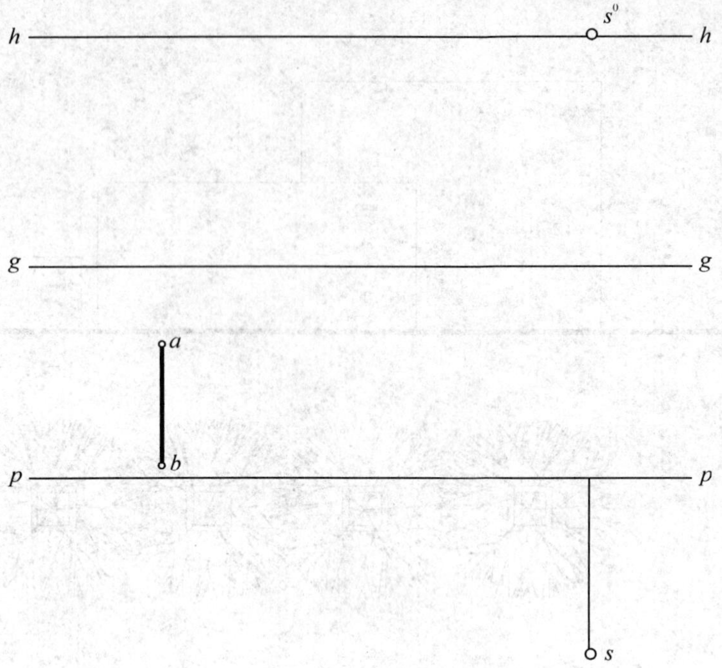

2. 确定一条高于基面 30 mm 的水平直线 CD 的透视与基透视。

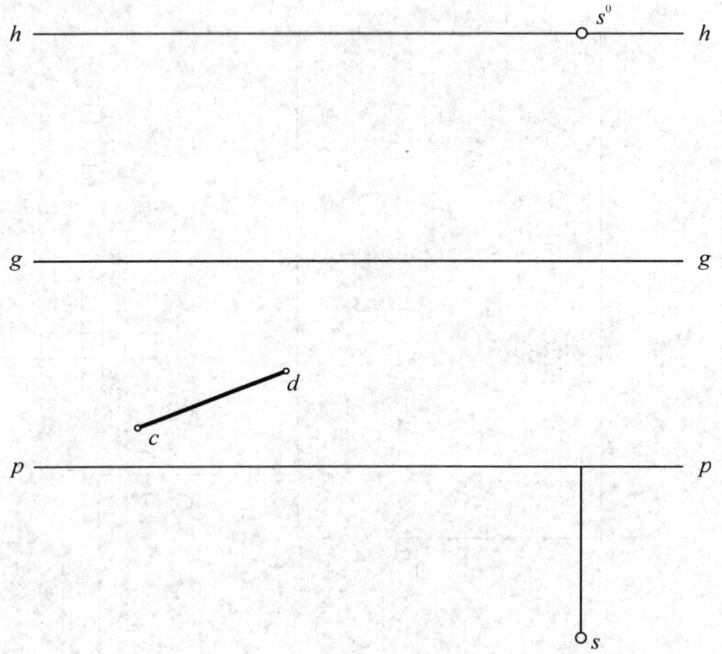

3. 确定一条高于基面 40 mm 的侧垂线 EF 的透视与基透视。

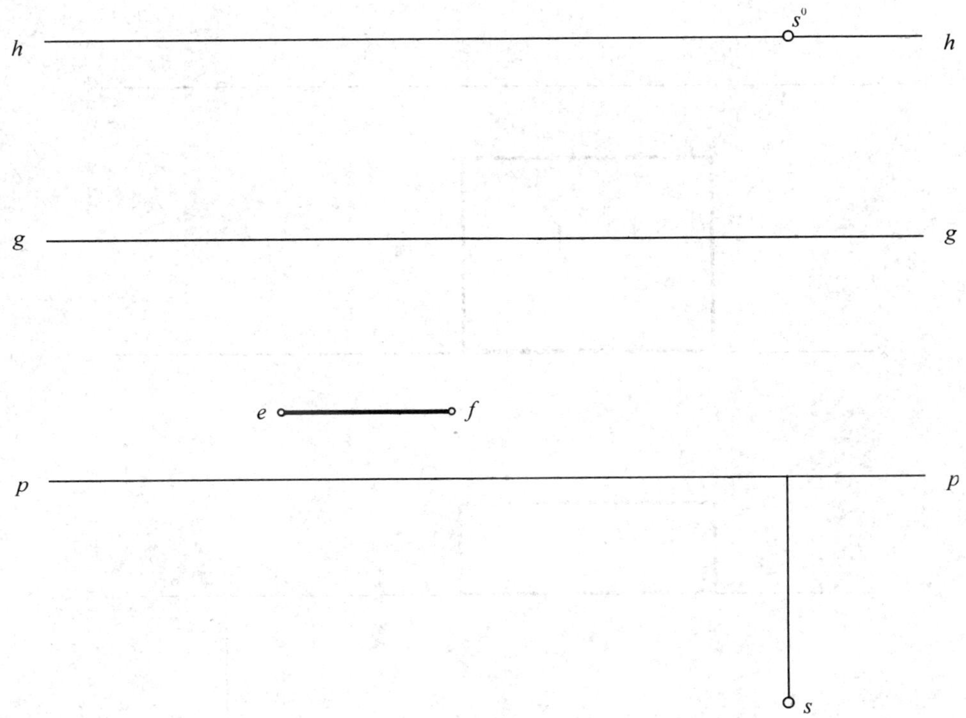

4. 确定一条位于画面后的铅垂线 MN 的透视。

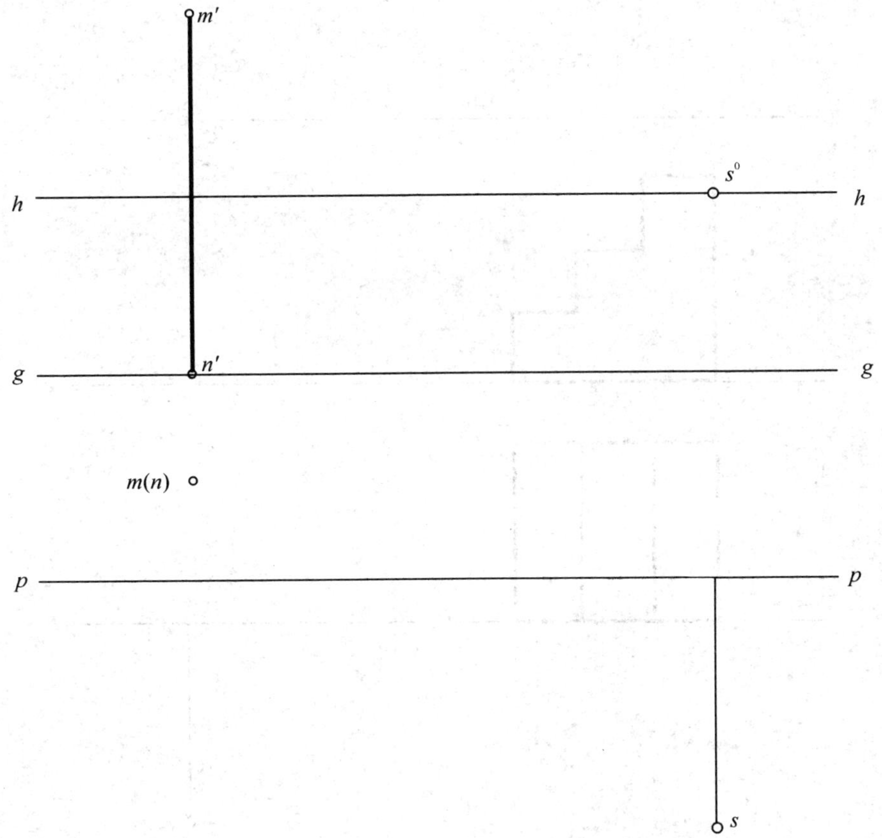

(三)作地面上平面图形的透视

(1)

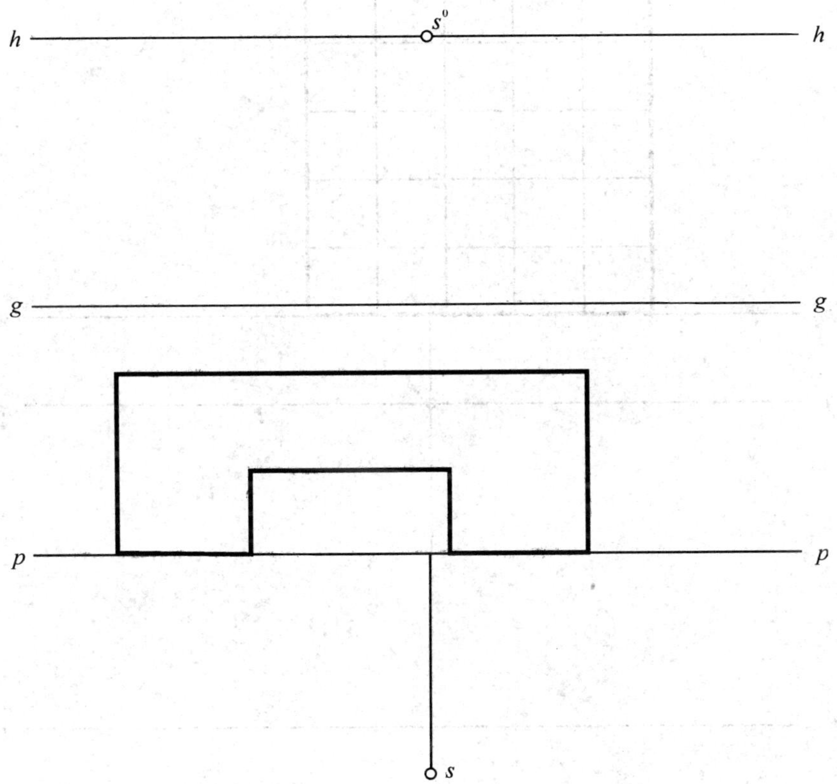

(2)

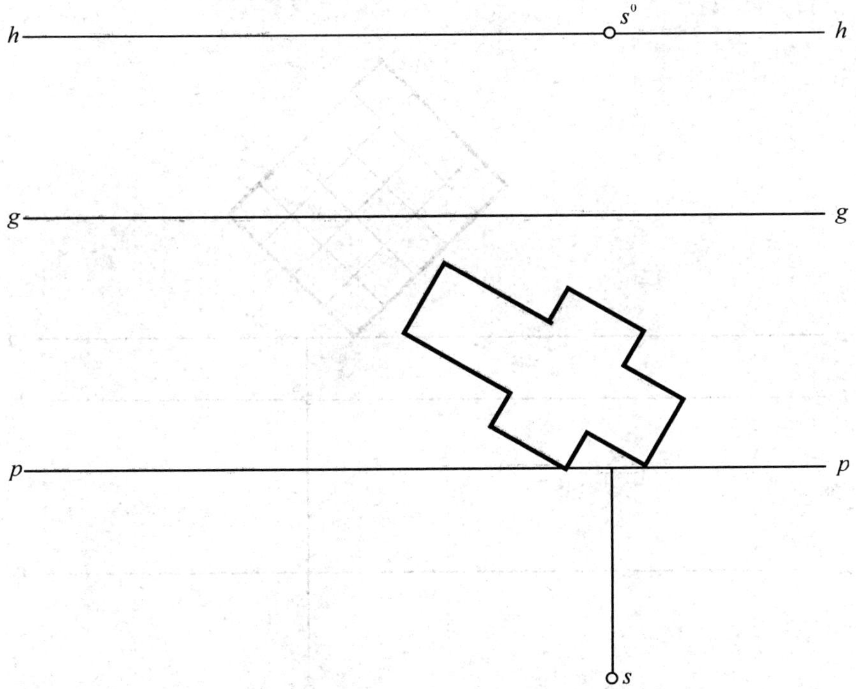

(3)

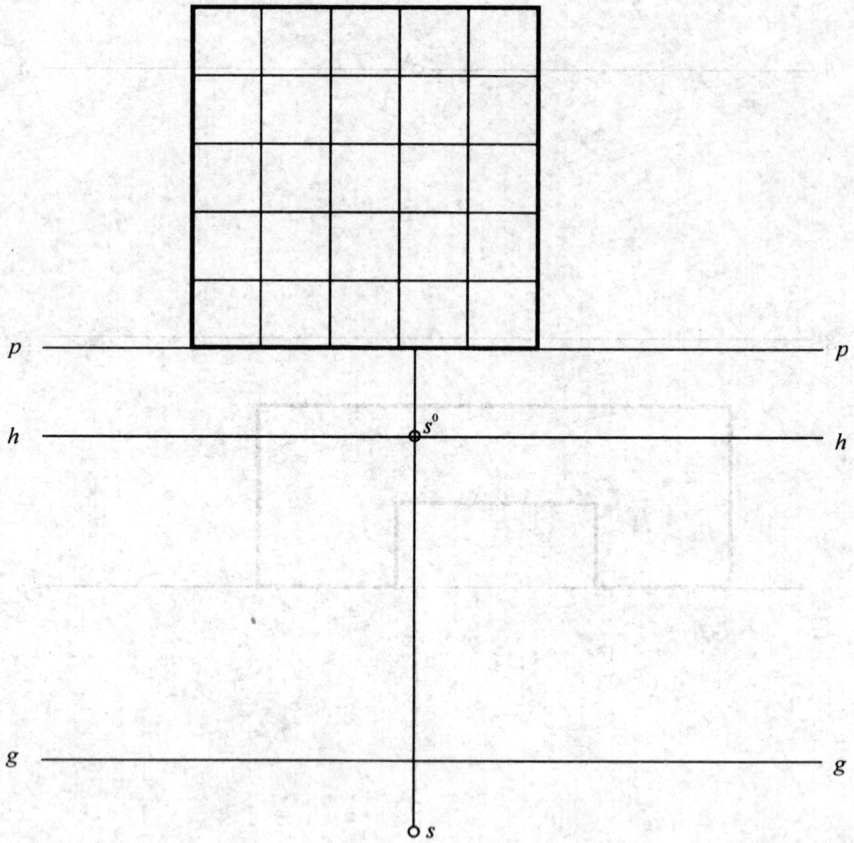

(4)

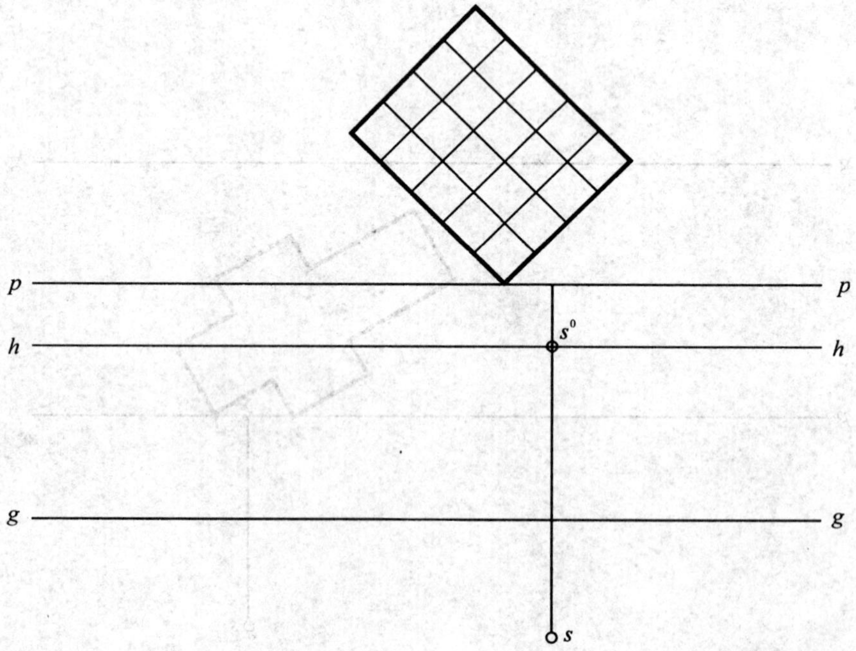

(四)作物体的一点透视

(1)

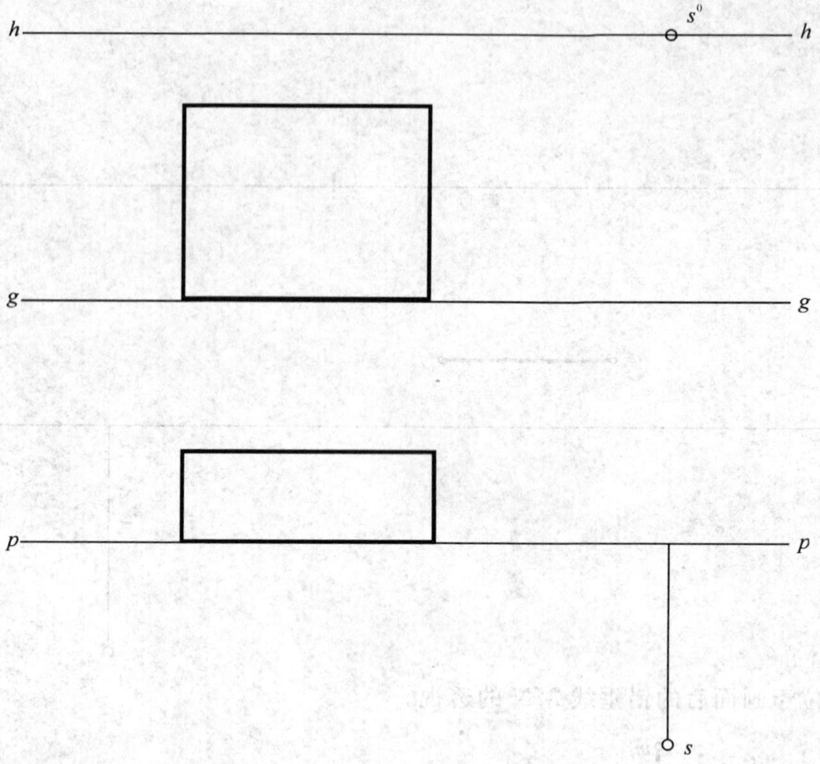

(2)

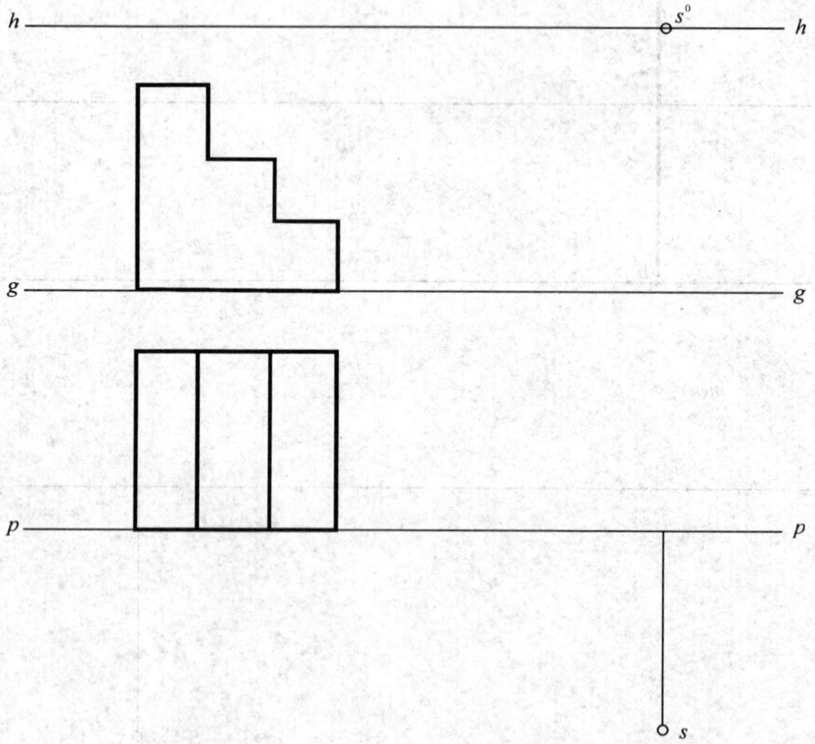

(3)

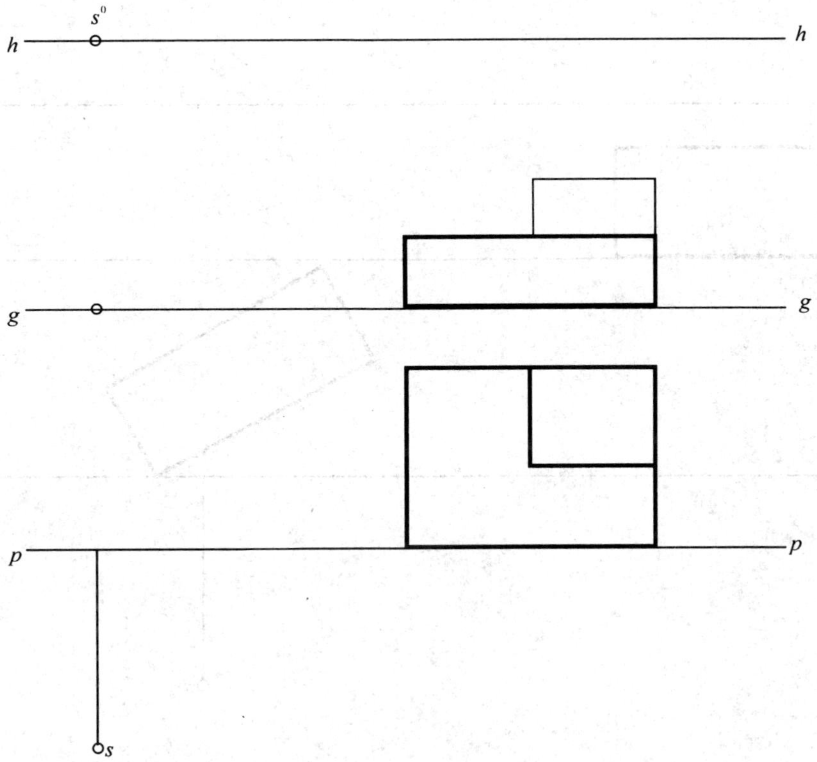

(4)

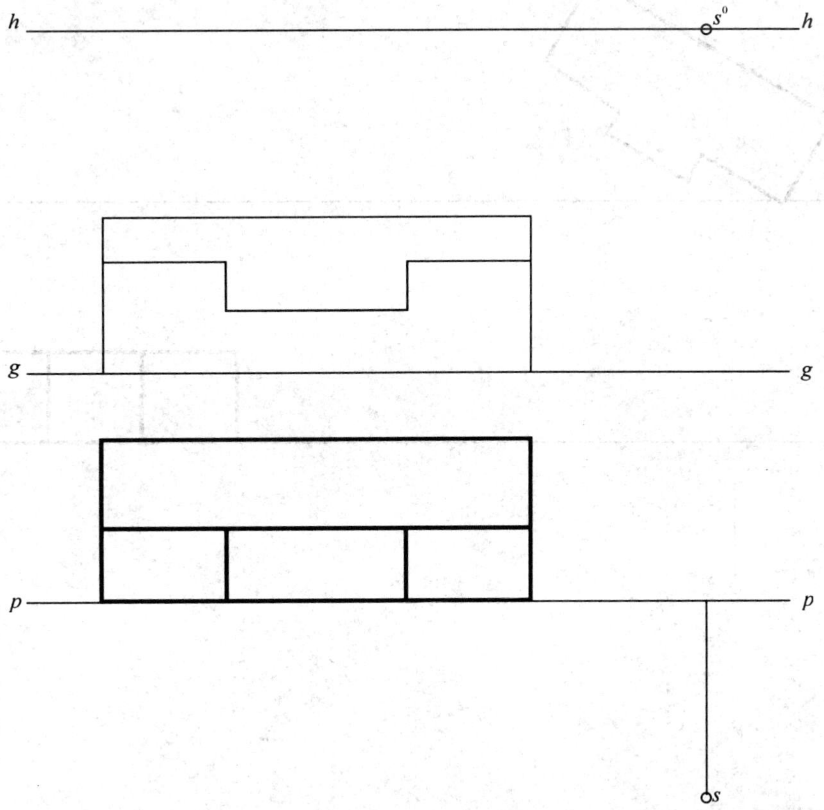

(5)

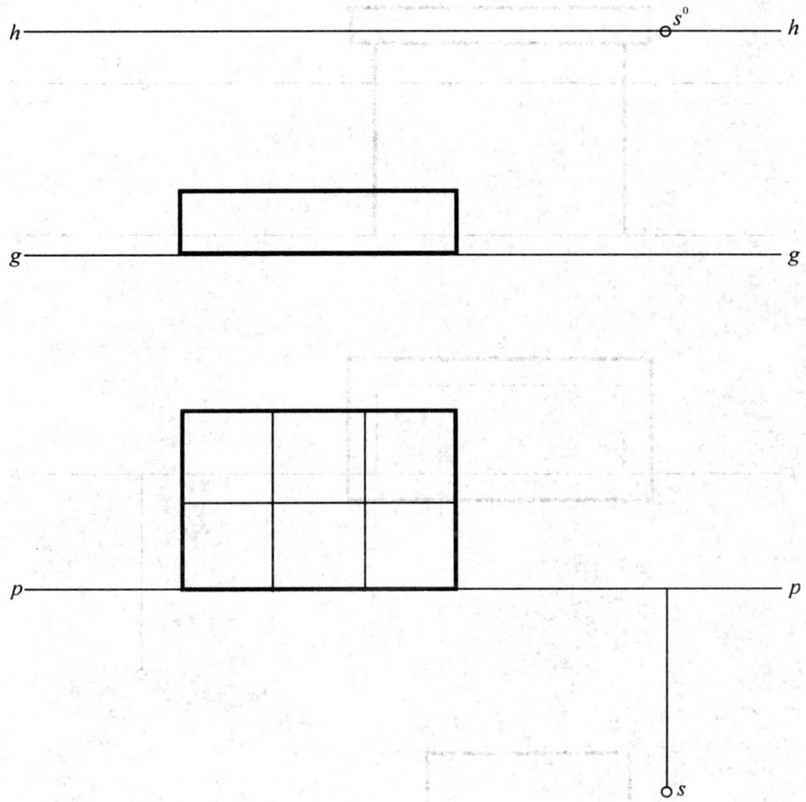

(6)

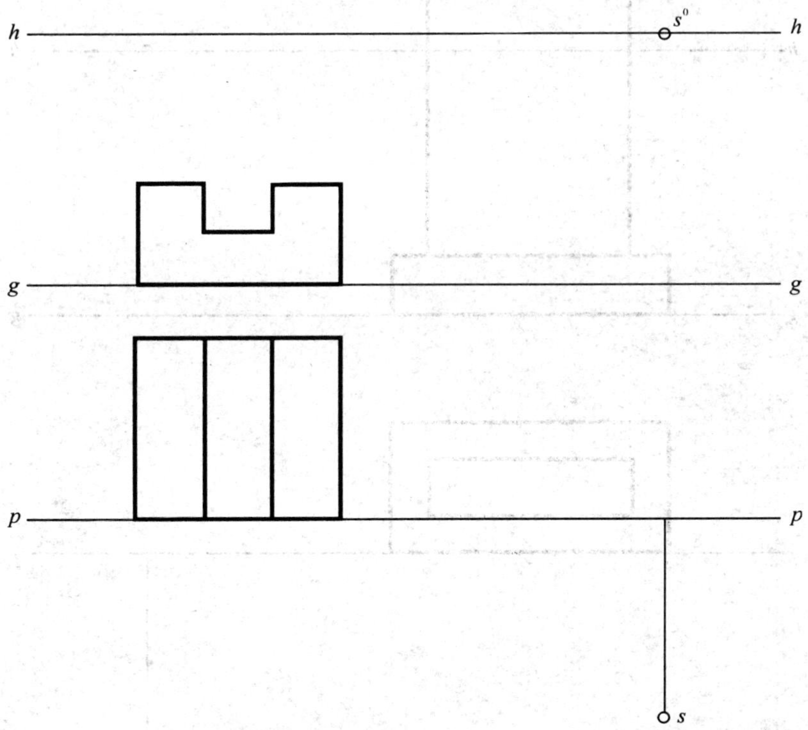

(7)

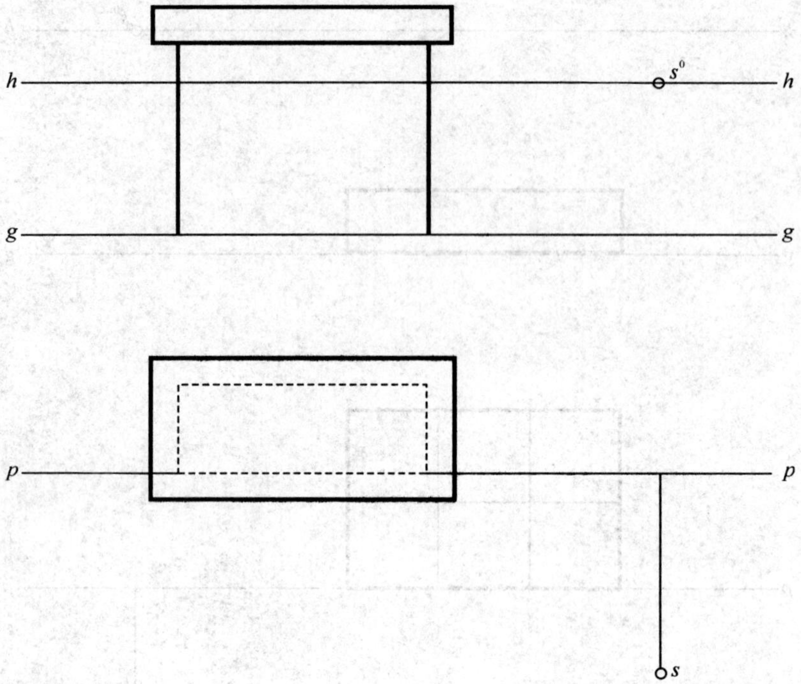

(8)

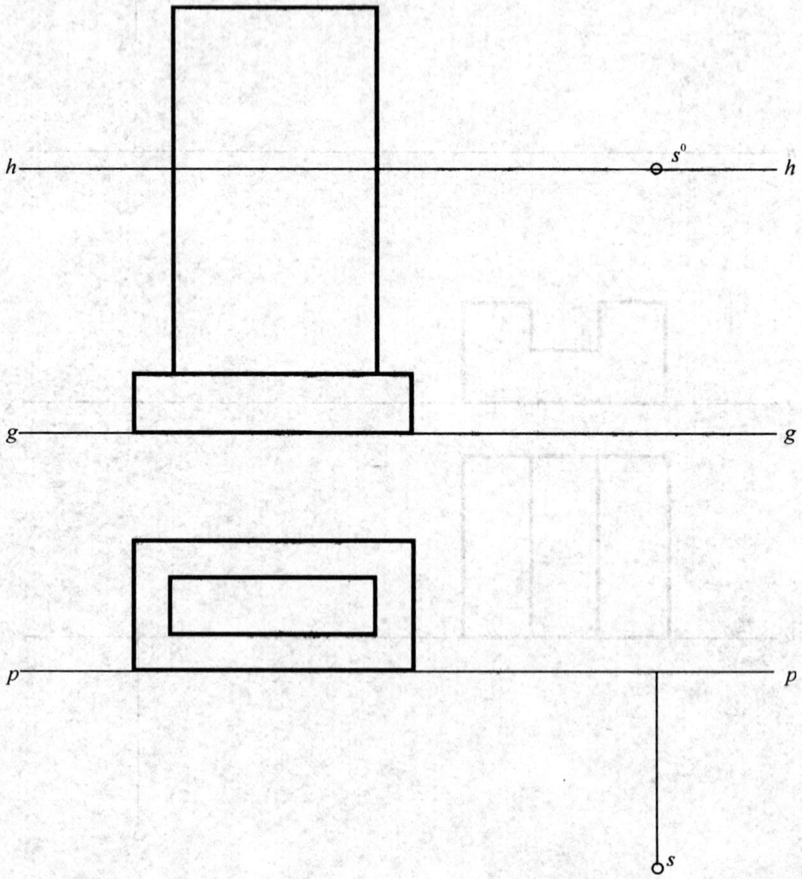

(五)按所给条件作形体的两点透视

(1)

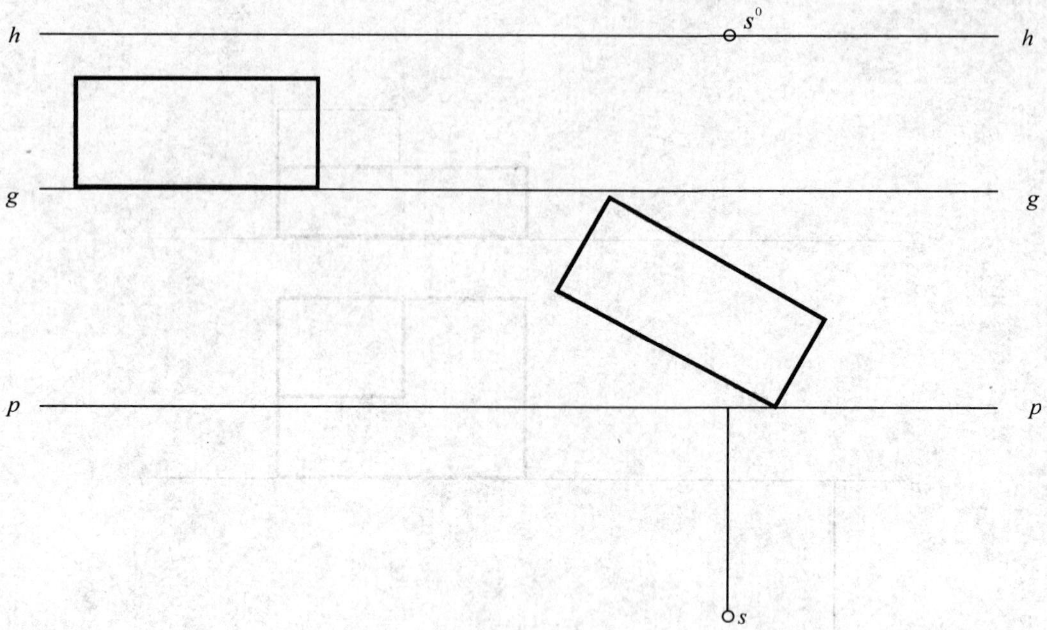

(2)

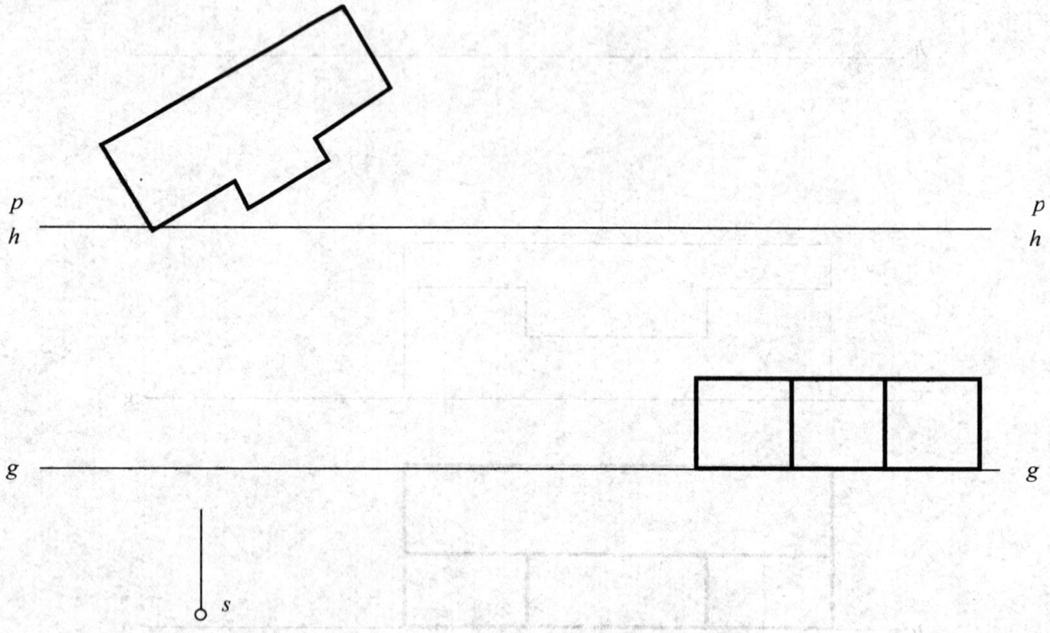

(3)

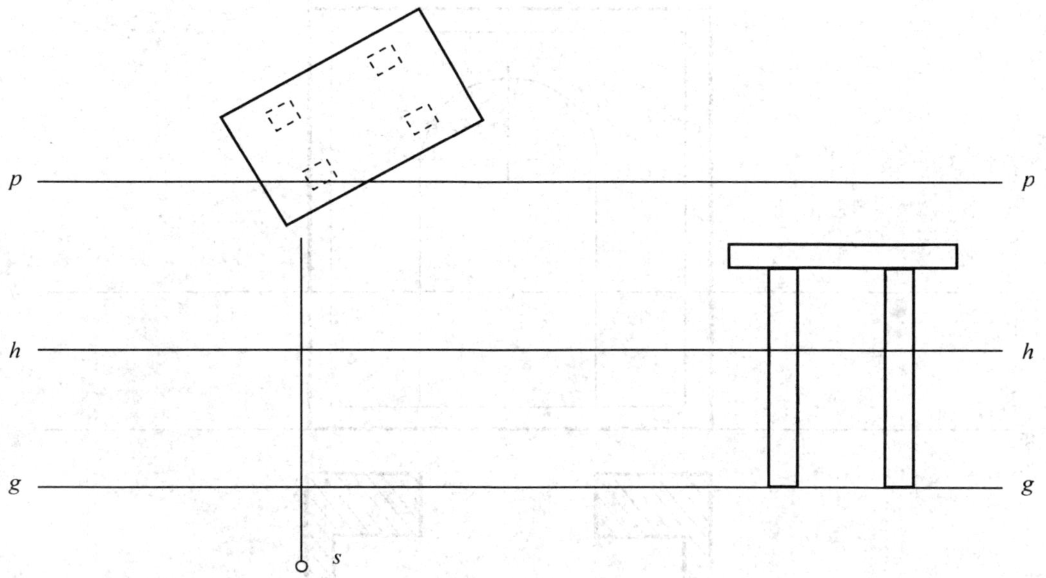

(4)

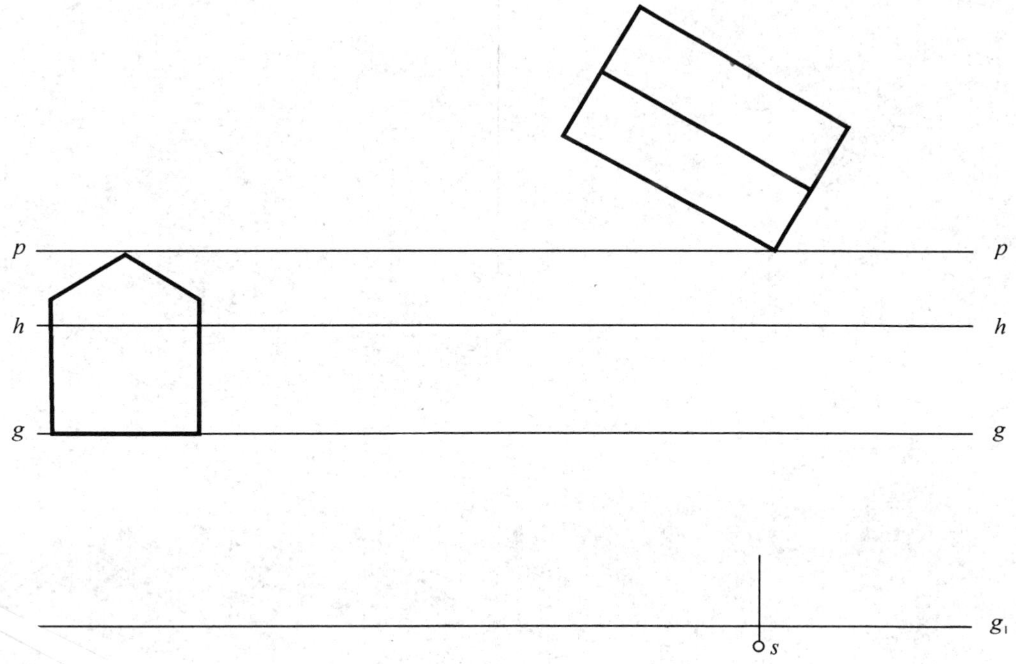

(5)

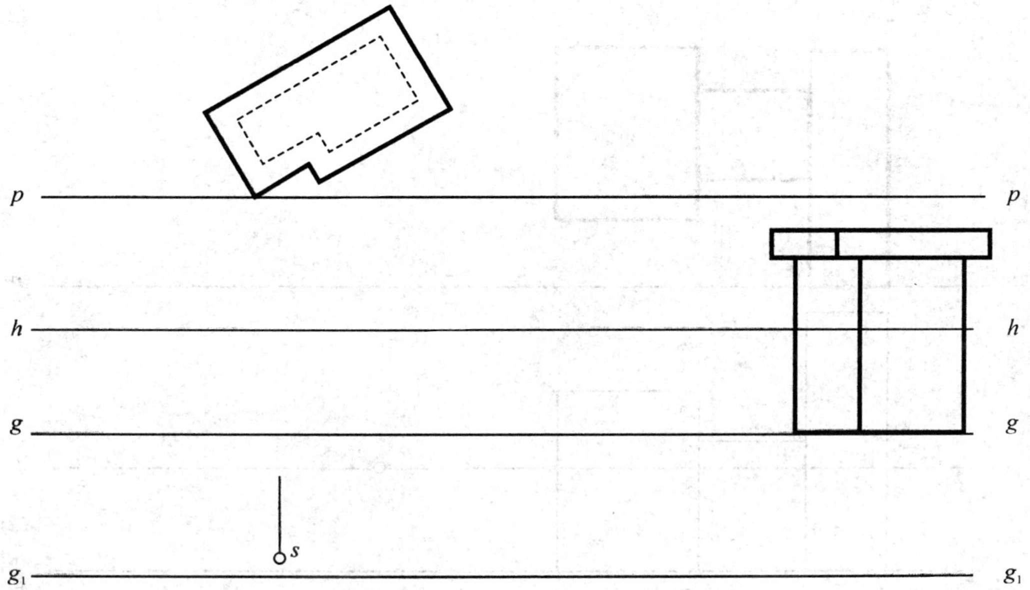

(6)

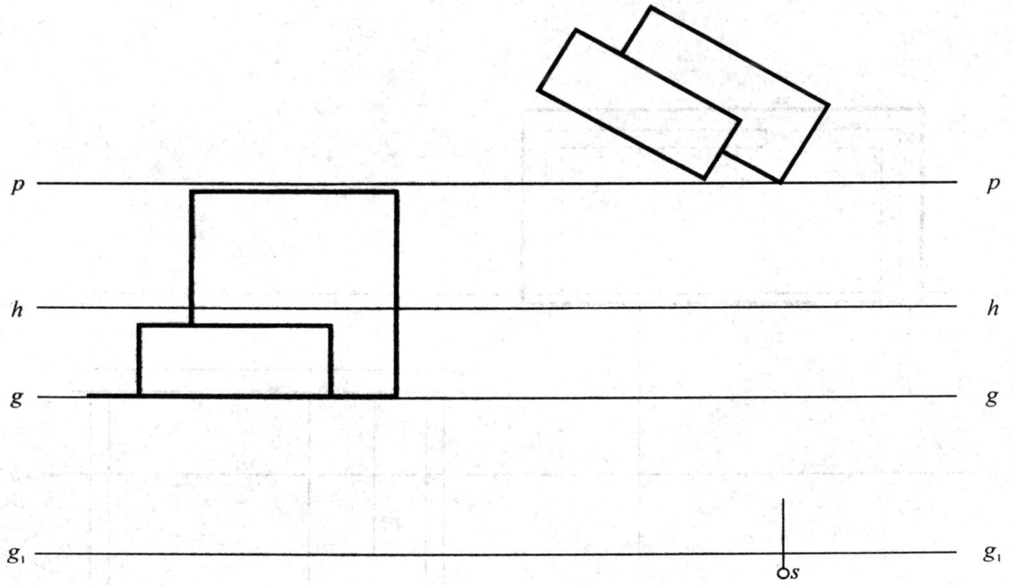

(六)作建筑形体的一点透视

(1)

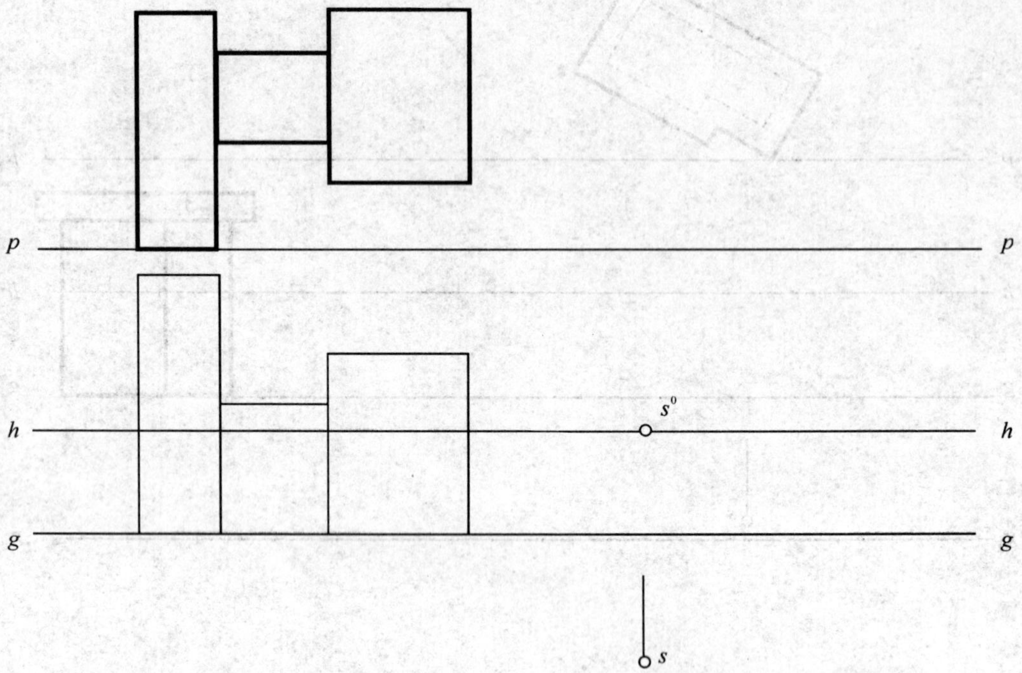

(2)

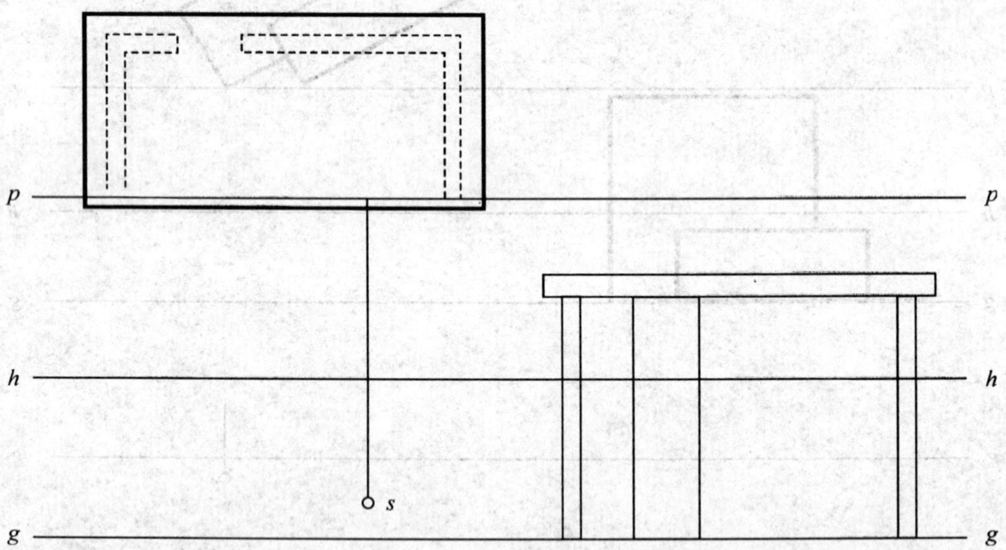

(3)

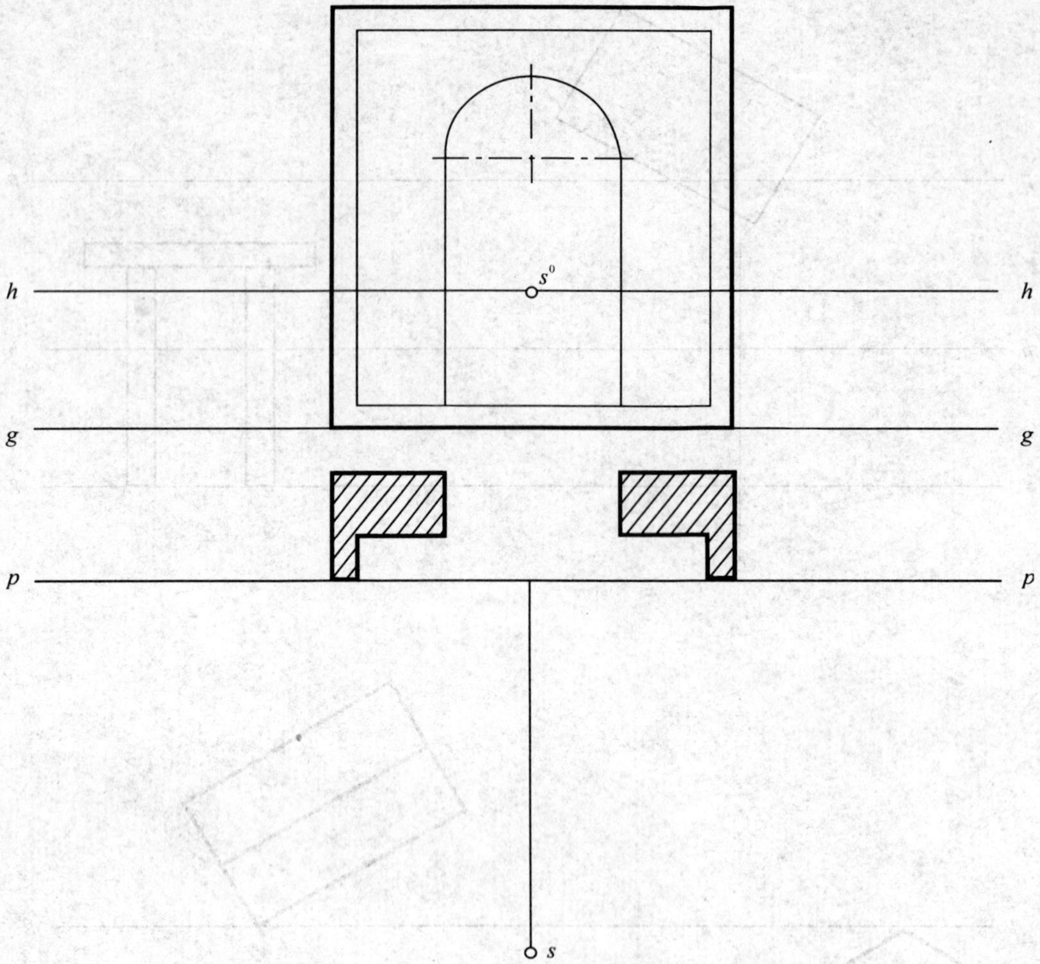

(七)作建筑形体的两点透视

1. 另备图纸，放大一倍，作建筑的两点透视。

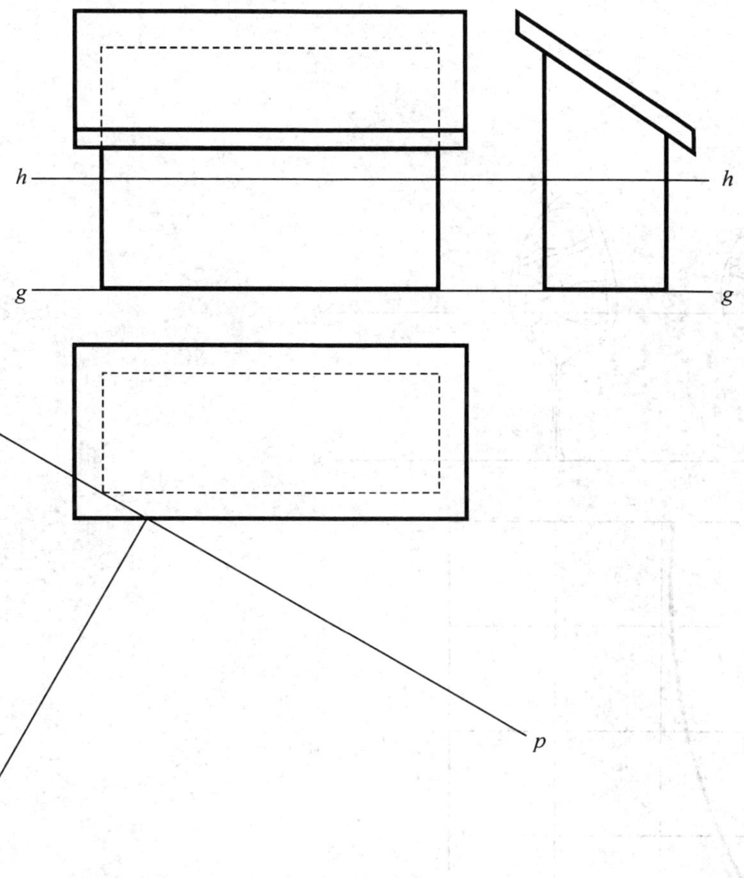

2. 另备图纸，放大一倍，作建筑的两点透视。

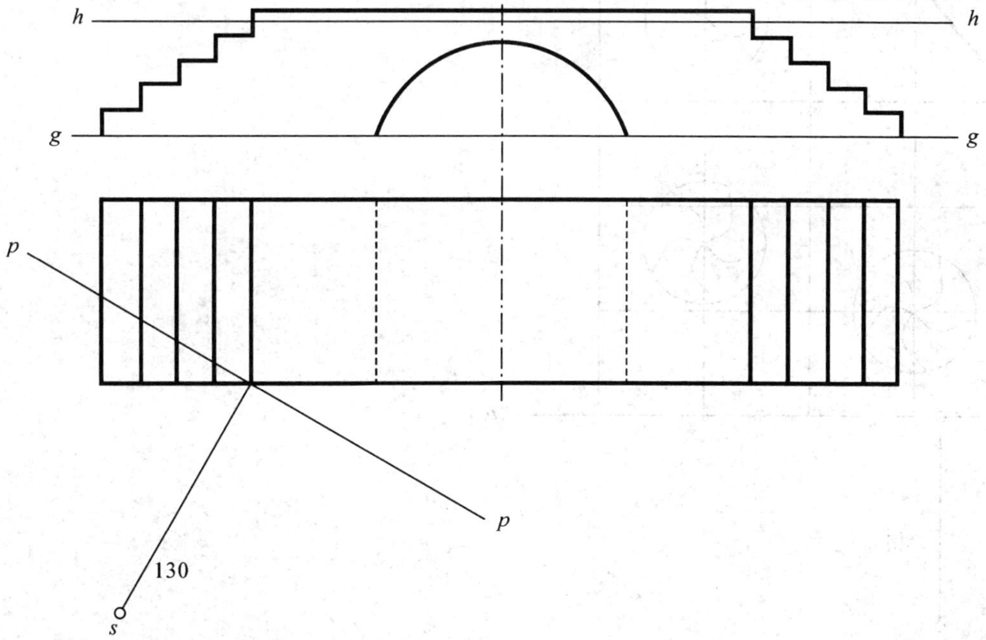

3. 另备图纸，放大一倍，作建筑的两点透视。

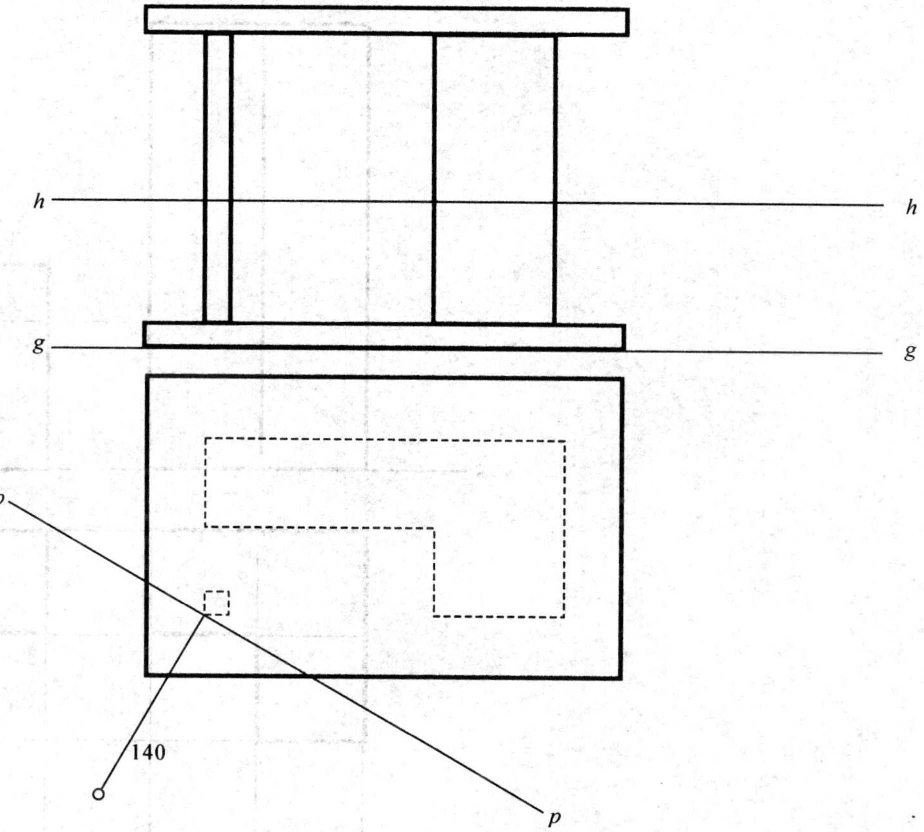

(八)按所给条件作鸟瞰图

(1)

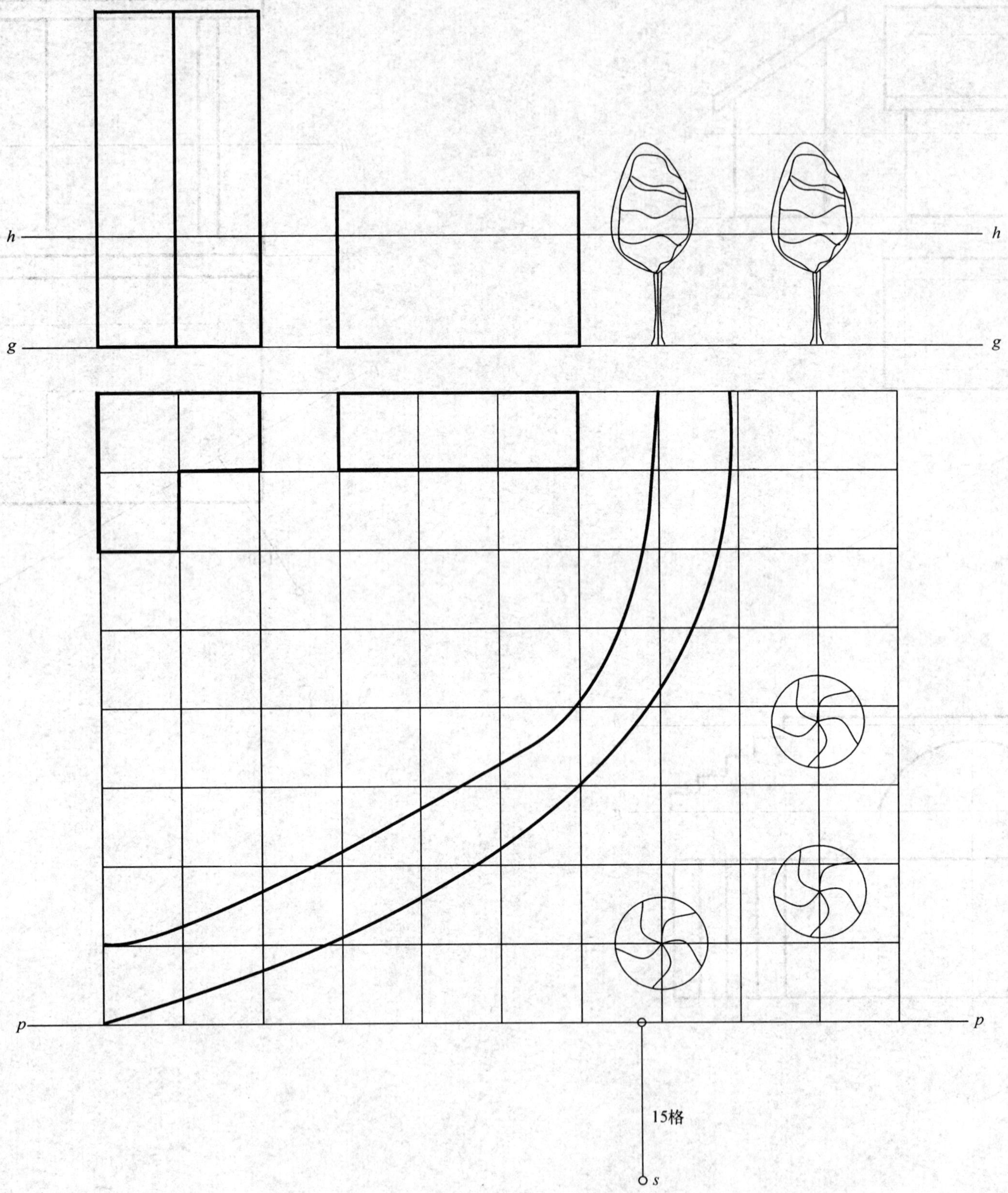

（2）

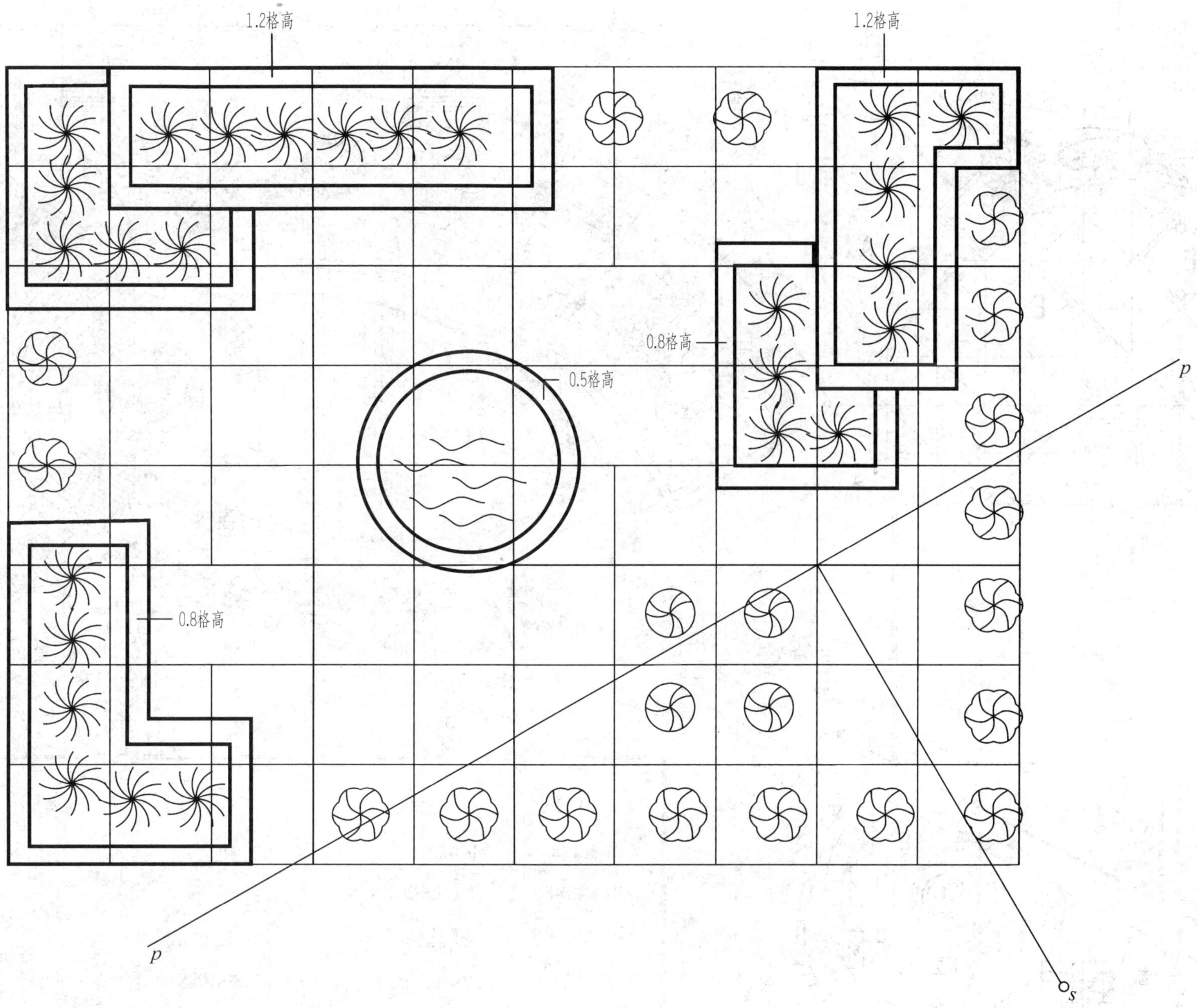

说明:

1.平面图中建筑为花池和水池。

2.视高10格高。

3.视距取18格。

4.植物高自定。

十六、园林设计总平面图

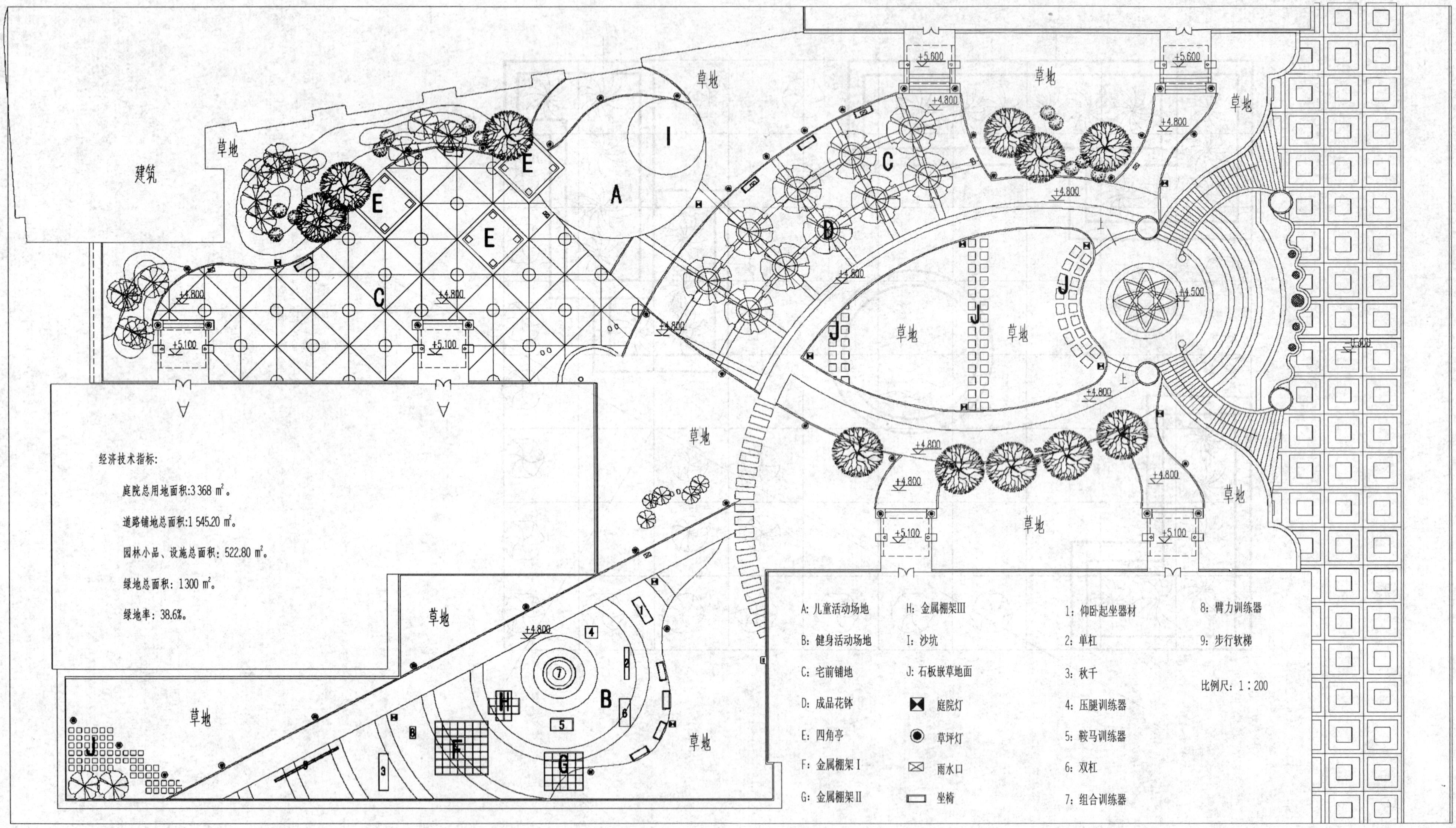

草地
建筑
A
I
E
C
D
J
B
F
G
H
+5.600
+4.800
+5.100
+4.500
经济技术指标：
庭院总用地面积：3 368 m²。
道路铺地总面积：1 545.20 m²。
园林小品、设施总面积：522.80 m²。
绿地总面积：1300 m²。
绿地率：38.6%。
A：儿童活动场地
B：健身活动场地
C：宅前铺地
D：成品花钵
E：四角亭
F：金属棚架Ⅰ
G：金属棚架Ⅱ
H：金属棚架Ⅲ
I：沙坑
J：石板嵌草地面
庭院灯
草坪灯
雨水口
坐椅
1：仰卧起坐器材
2：单杠
3：秋千
4：压腿训练器
5：鞍马训练器
6：双杠
7：组合训练器
8：臂力训练器
9：步行软梯
比例尺：1：200

十七、园林种植设计图(种植表见主教材)

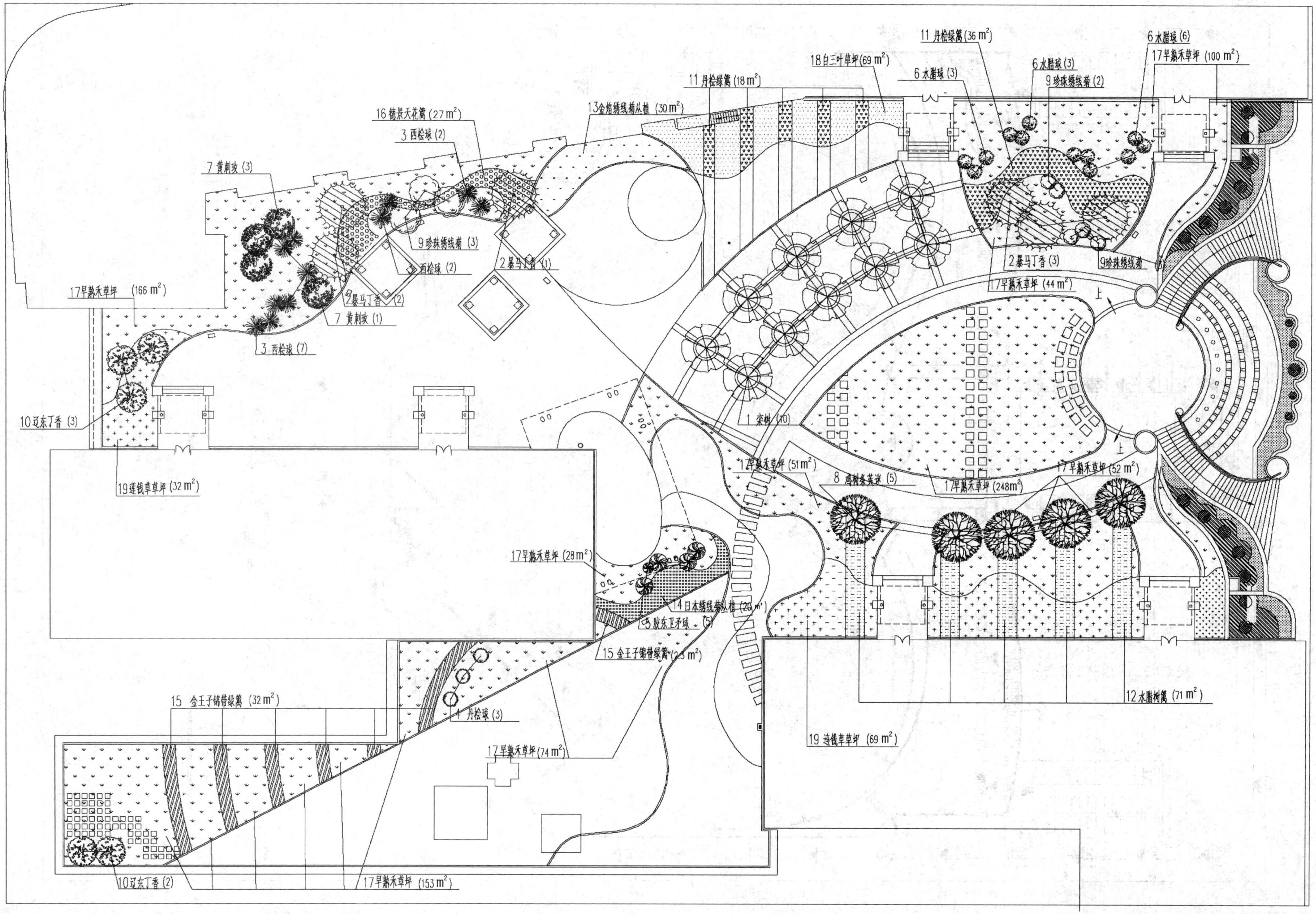

十八、园林竖向设计图

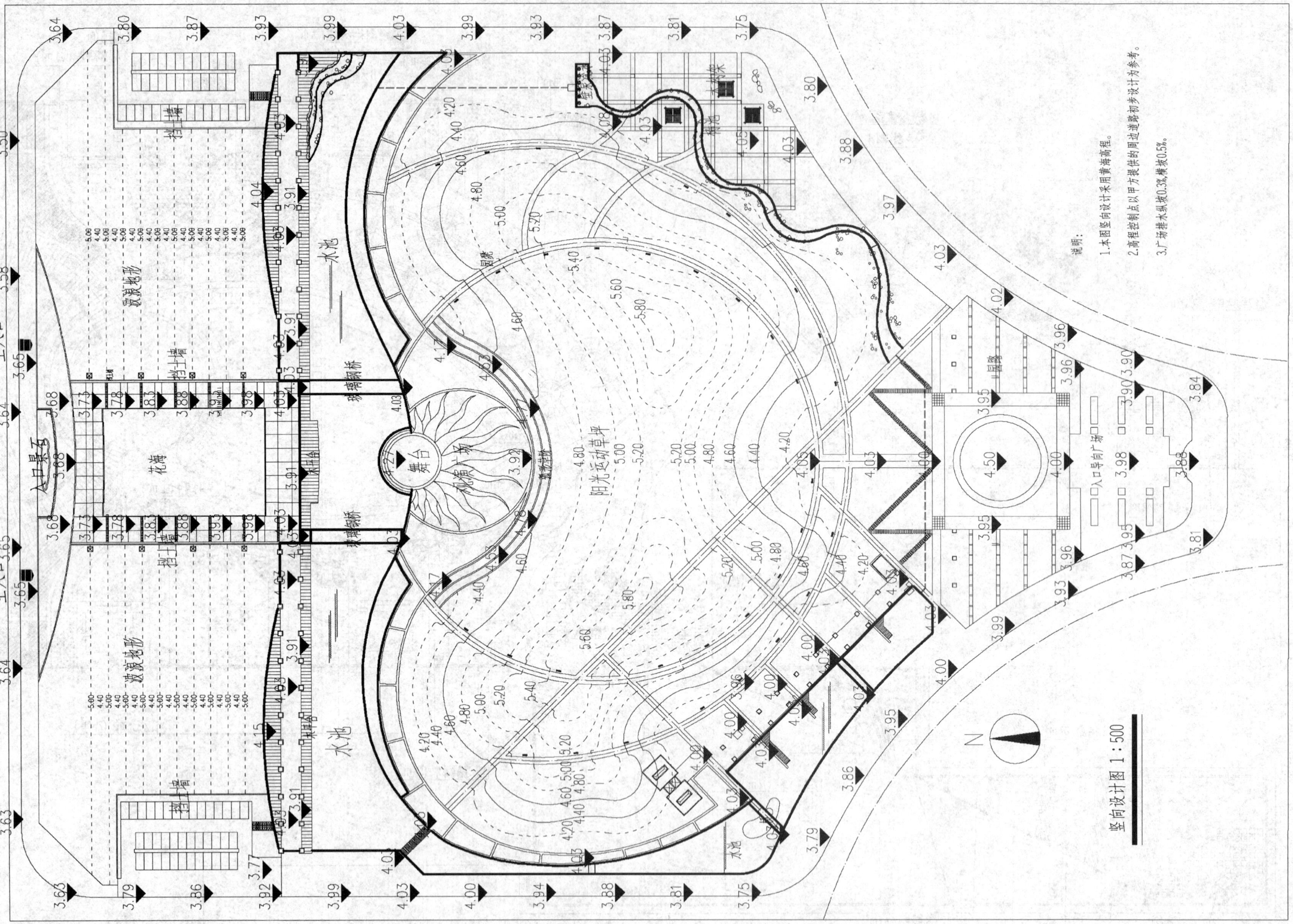
主入口
入口景石
花海
水池
舞台
阳光运动草坪
N
竖向设计图 1:500
说明:
1.本图竖向设计采用黄海高程。
2.高程控制点以甲方提供的周边道路初步设计为参考。
3.广场排水纵坡0.3%,横坡0.5%。

十九、园路工程图

(一)园路铺装图

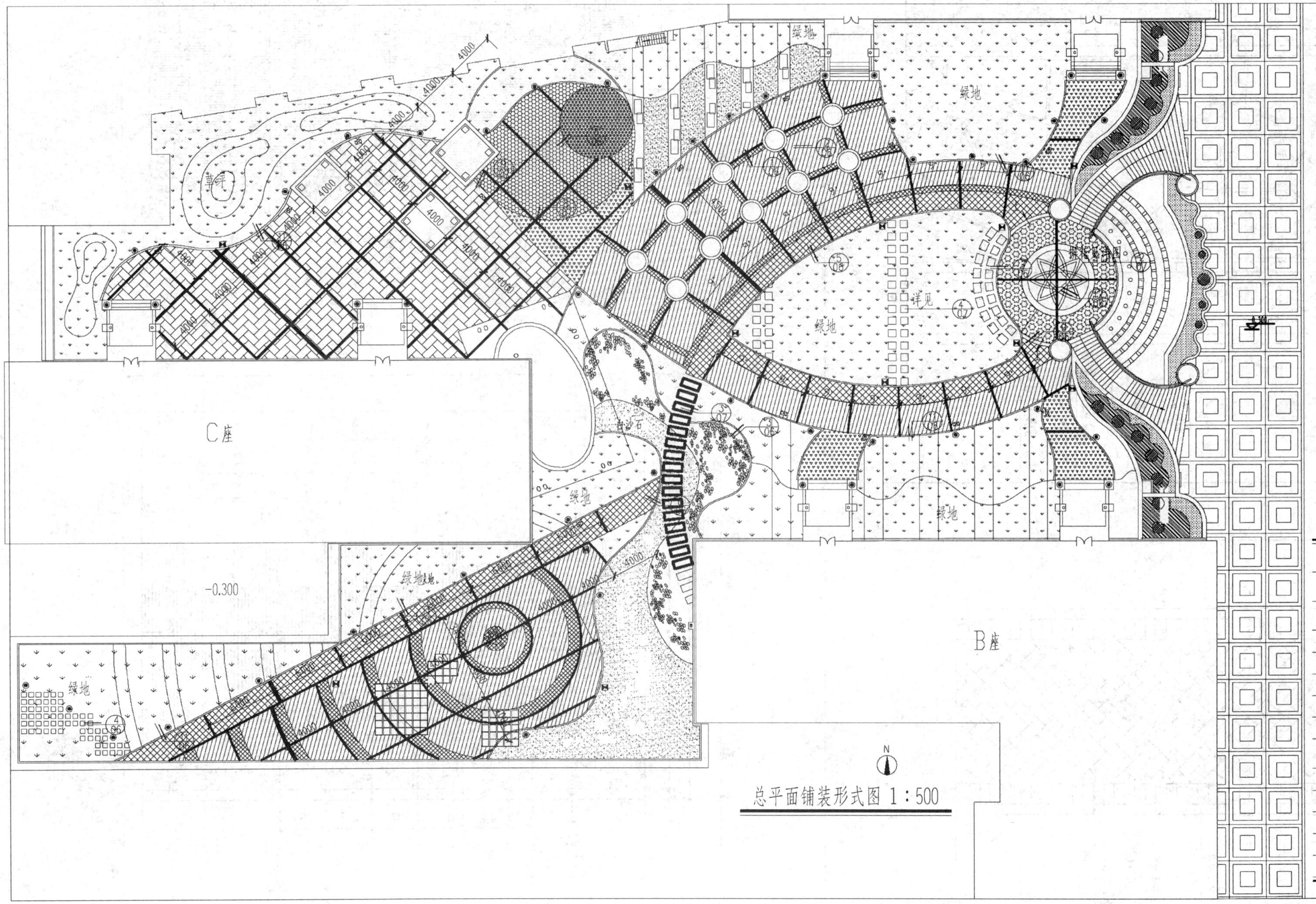

图例

- 米黄色瓷质麻面砖扇形铺砌100×100×10
- 红褐色磨光花岗岩 500×500×20
- 浅灰色花岗岩火烧板500×500×20
- 米黄色花岗岩火烧板扇形铺砌500×500×20
- 沙坑
- 白沙石活铺
- 黑色海卵石活铺
- C座宅前铺装
- 石板嵌草
- 塑胶地面
- 不规则花岗岩条石块厚 300~500mm
- 水泥压模路面

铺地材料明细表

编号	材料名称	规格(mm)	数量(m)	合计	备注
1	红褐色磨光花岗岩	500×500×20	180	232m^2	
		400×400×20	17		
		[illegible]	35		
2	浅灰色花岗岩火烧板	500×500×20	195	222m^2	
		1500×600×50	17		
		[illegible]	10		
3	米黄色花岗岩火烧板	500×500×20	50	60m^2	
		[illegible]	10		
4	米黄色瓷质麻面砖	100×100×10	820	820m^2	
5	浅灰色瓷质麻面砖	100×100×10	95	95m^2	
6	水泥压模	—	104	104m^2	
7	不规则花岗岩条石块	—	30	30m^2	
8	花岗岩边石	100×100×500	150m	395m^2	
		150×200×500	105m		
		150×400×500	140m		
9	塑胶地面	—	96	96m^2	
10	青石板	400×400×50	10	32m^2	
		600×600×50	22		
11	白沙石	ø10~20	260	260m^2	
12	黑色海卵石	ø20~30	100	100	
13	净沙(沙坑)	细沙	30	30	

(二)园路铺装祥图

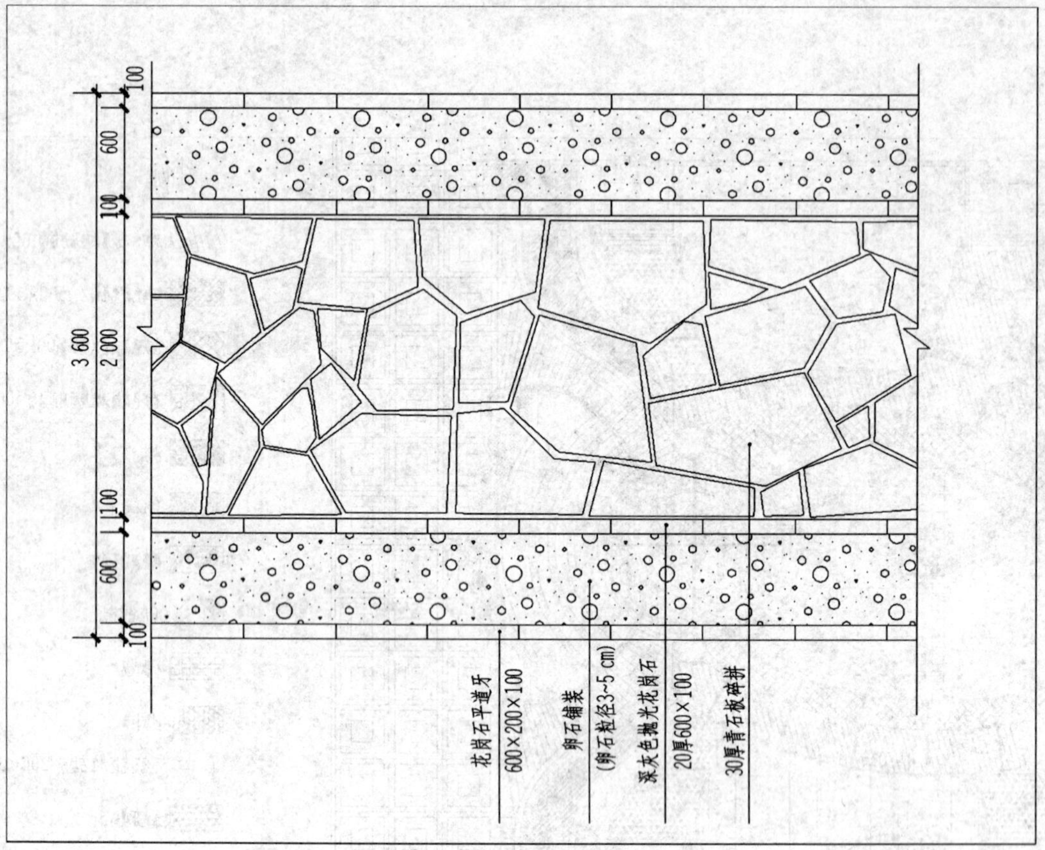

100
600
100
2 000
3 600
100
600
100
花岗石平道牙
600×200×100
卵石铺装
(卵石粒径3~5 cm)
浅灰色抛光花岗石
20厚600×100
30厚青石板碎拼

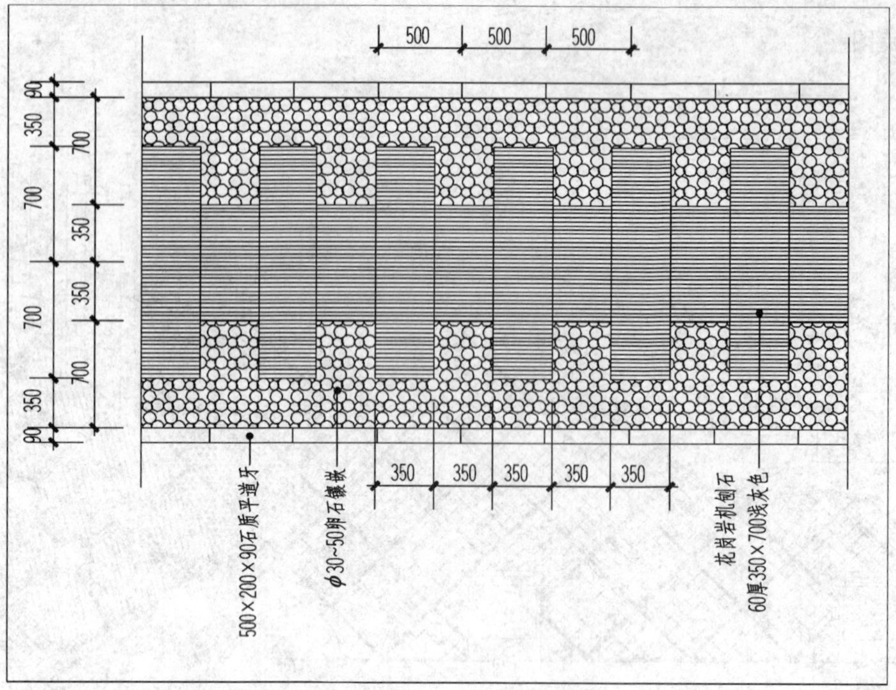

500
500
500
90
350
700
700
350
350
700
700
350
90
350
350
350
350
350
500×200×90石质平道牙
φ30~50卵石镶嵌
花岗岩机刨石
60厚350×700浅灰色

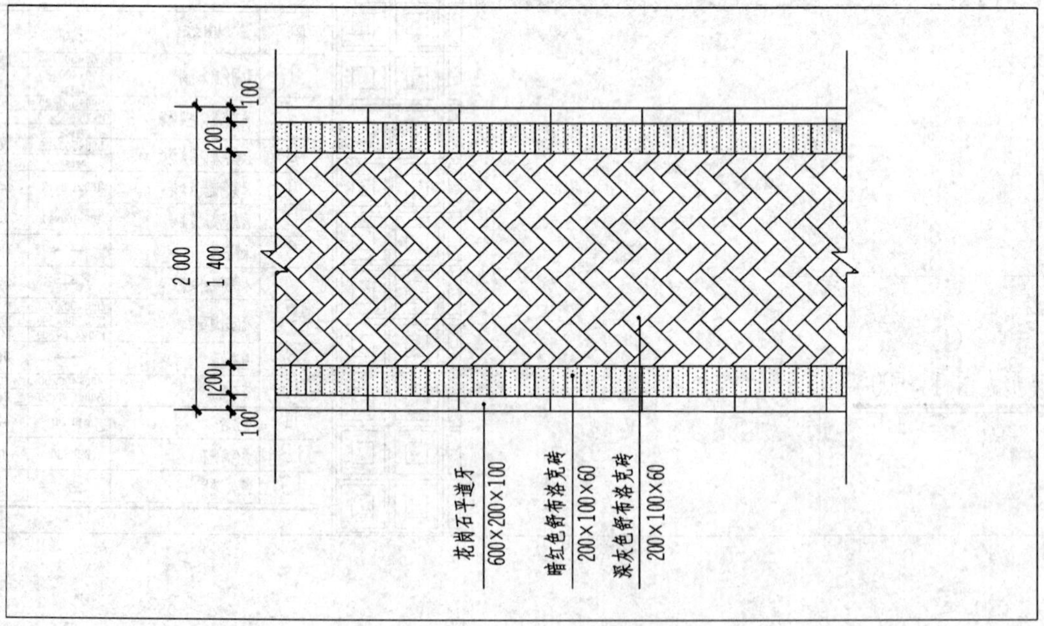

100
200
2 000
1 400
200
100
花岗石平道牙
600×200×100
暗红色舒布洛克砖
200×100×60
浅灰色舒布洛克砖
200×100×60

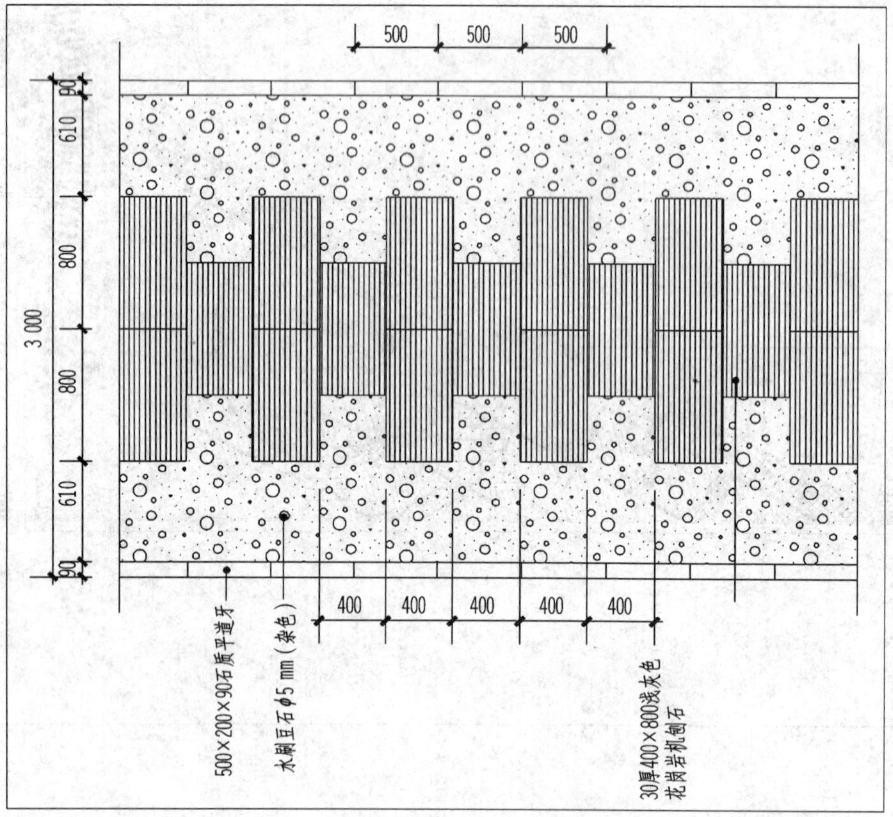

500
500
500
90
610
800
3 000
800
610
90
400
400
400
400
400
500×200×90石质平道牙
水刷豆石φ5 mm（杂色）
30厚400×800浅灰色
花岗岩机刨石

（三）园路铺装结构祥图

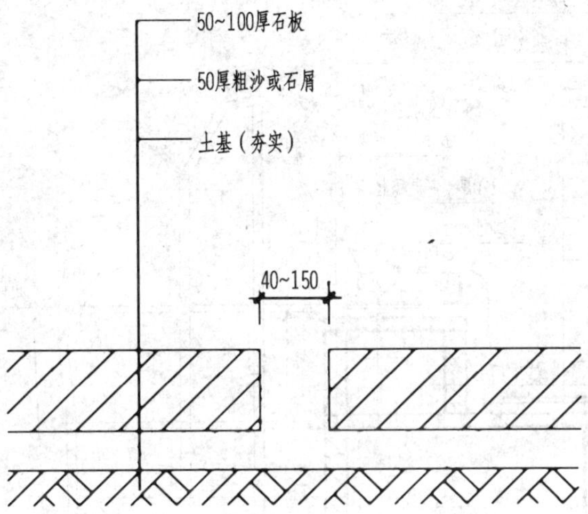

石板嵌草路

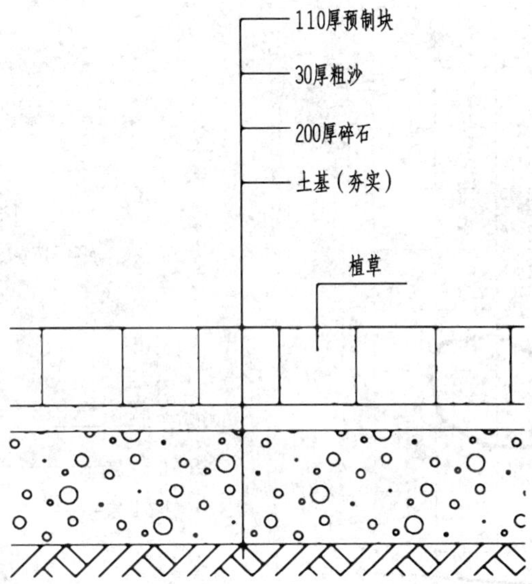

预制块（植草砖）嵌草路

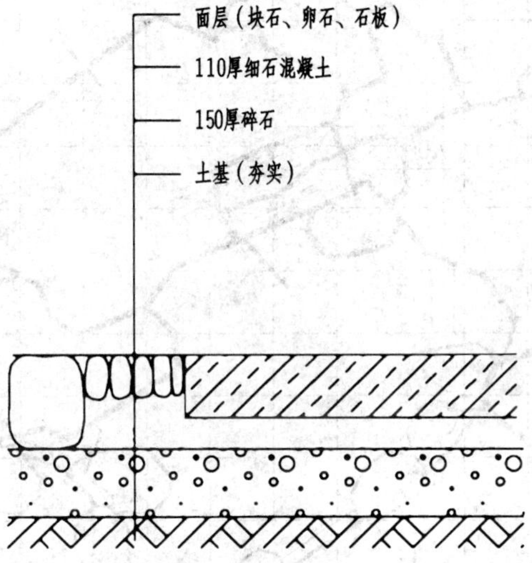

混合路

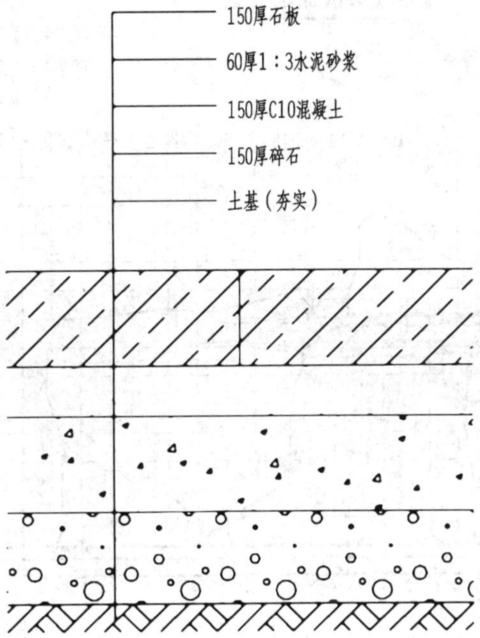

石板路（4）

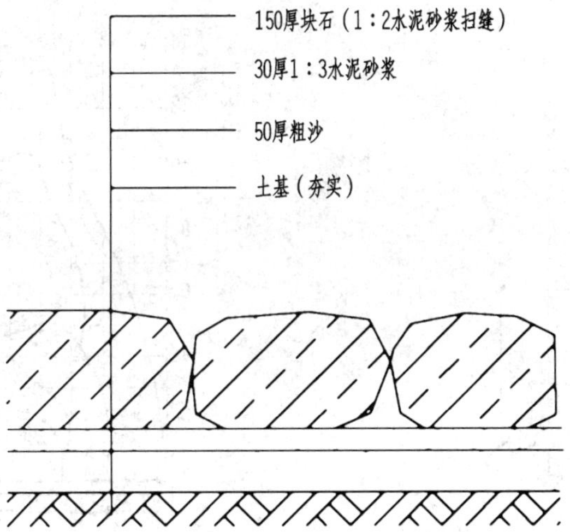

块石路

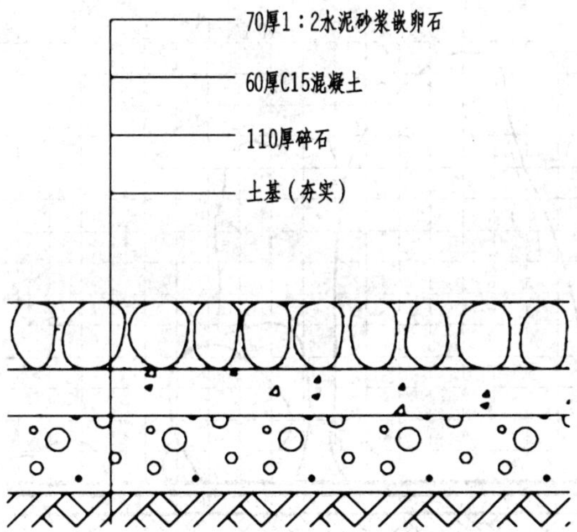

卵石路

二十、园林假山工程图

(一)假山平、立、剖面图

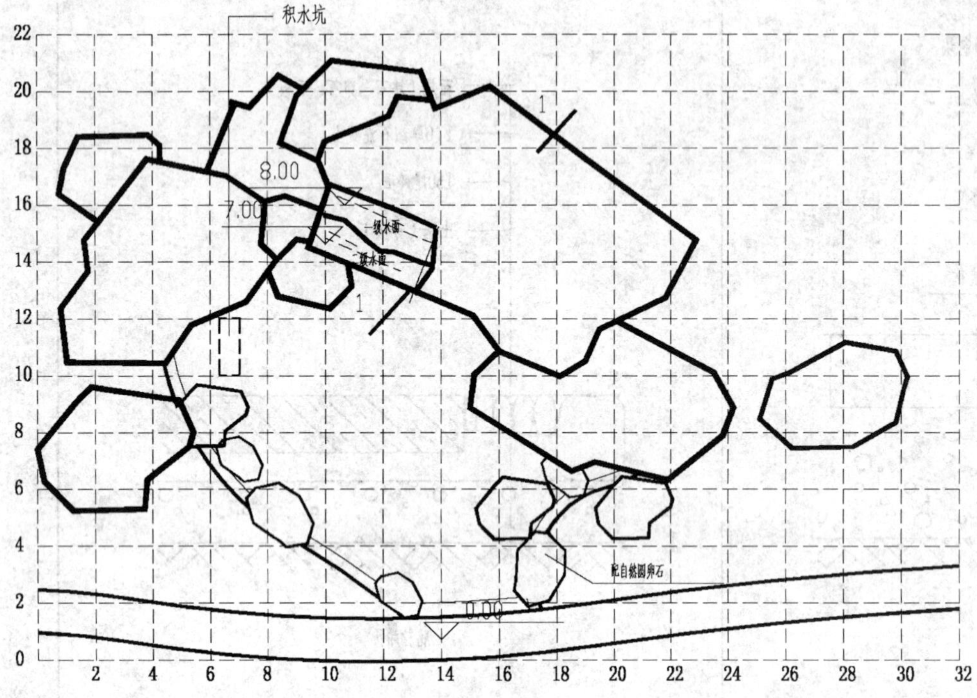

假山总平面图

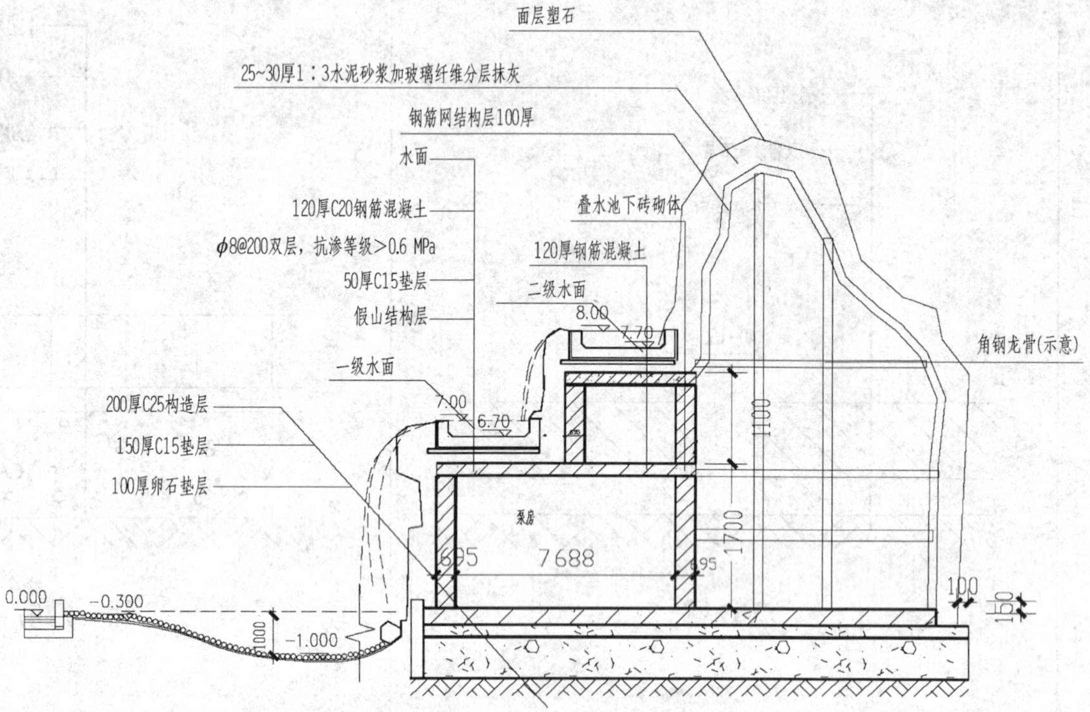

1-1剖面图

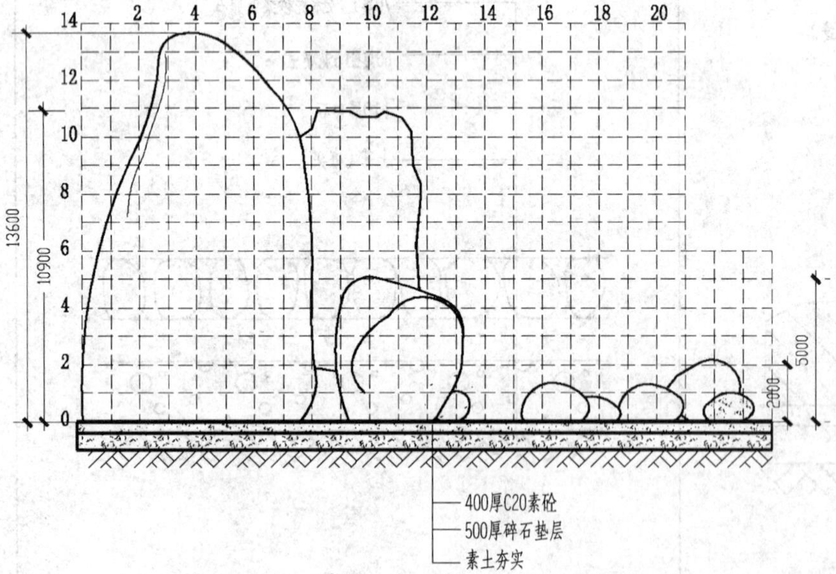

假山侧立面图

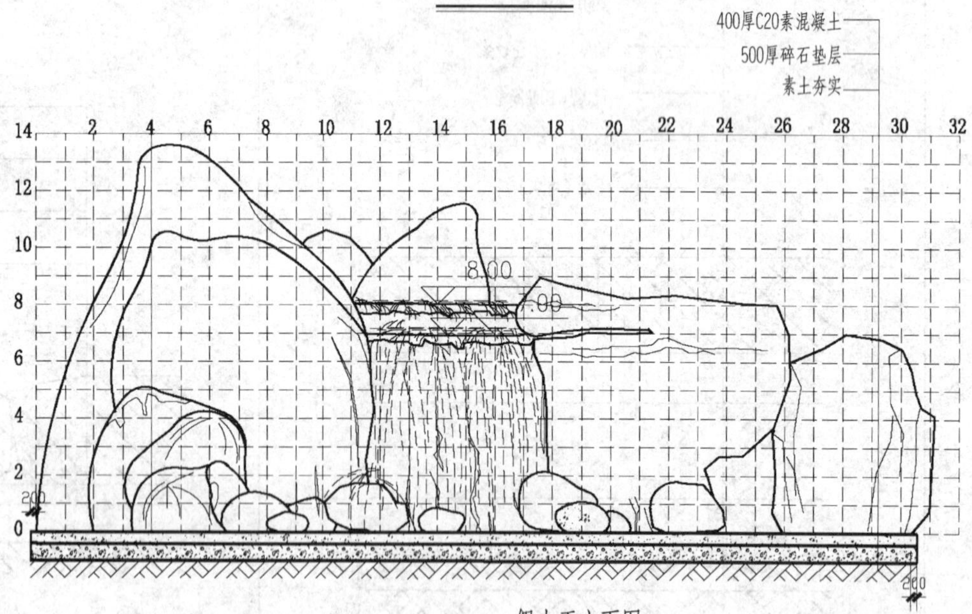

假山正立面图

(二)假山平、立面图

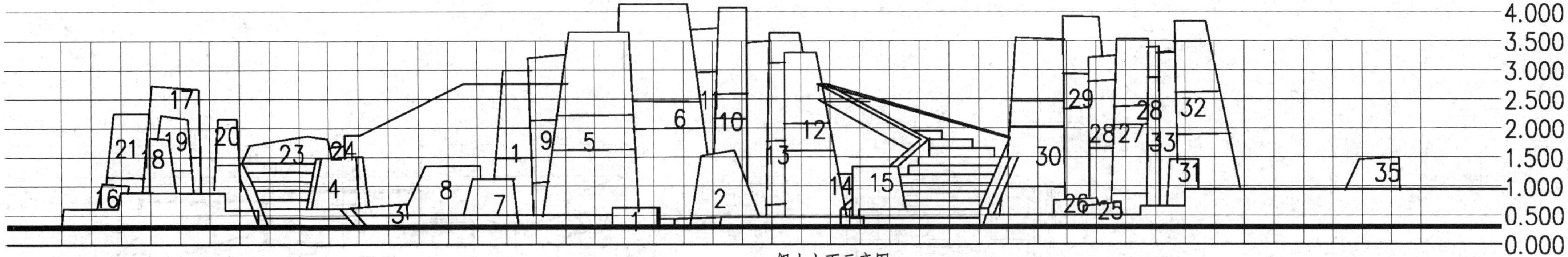

假山立面示意图

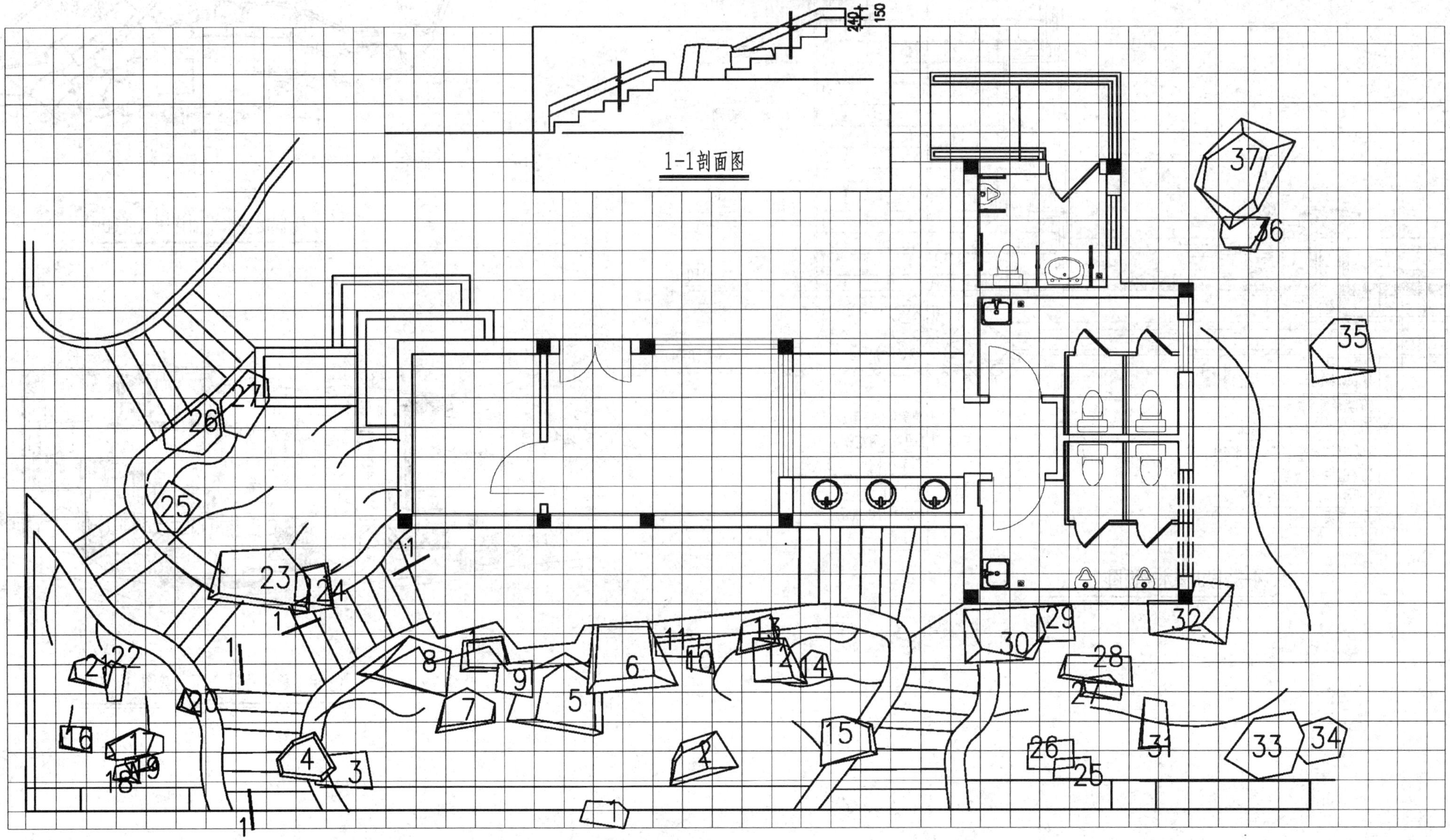

假山平面示意图

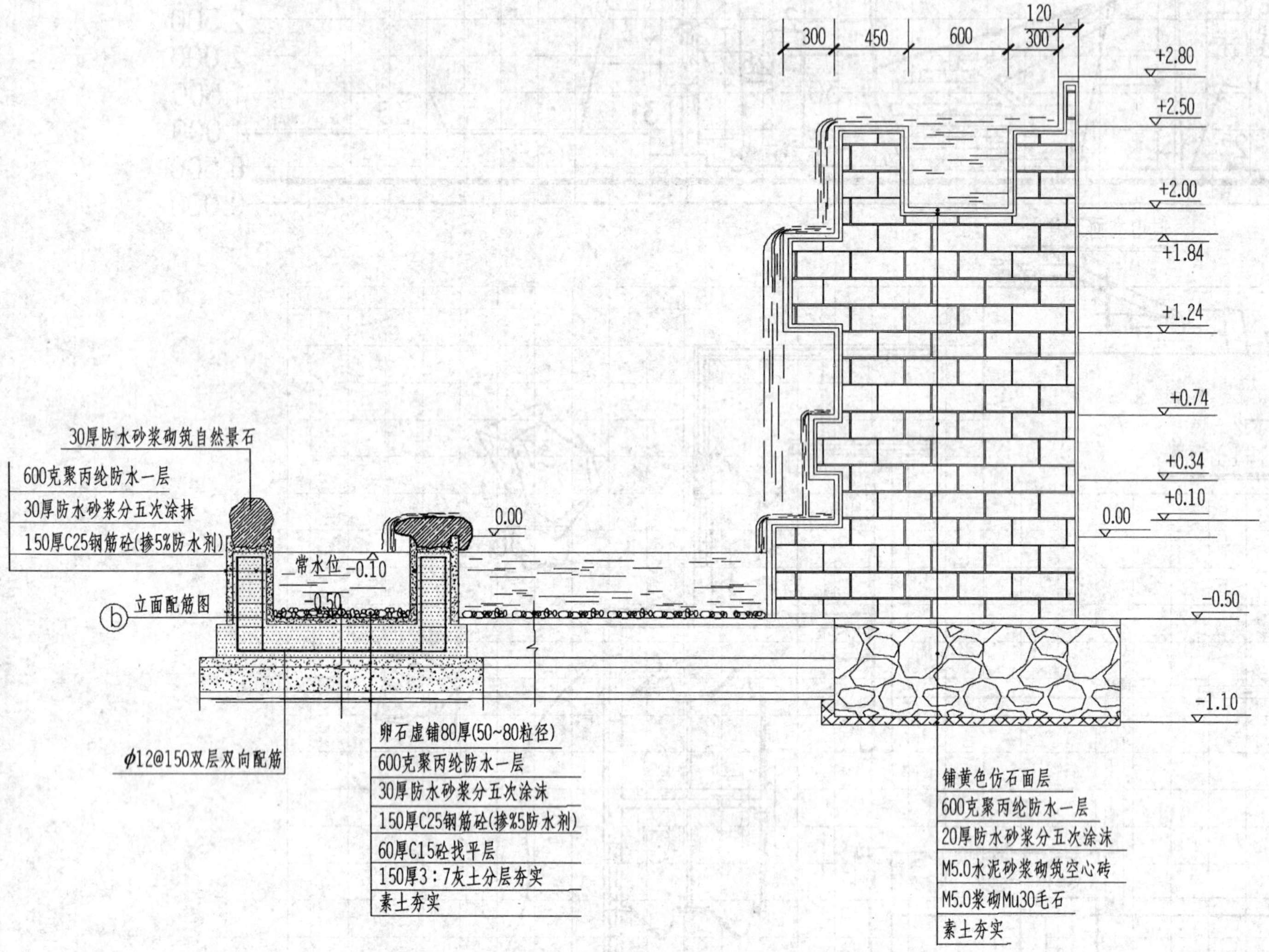

A–*A*假山叠水剖面图 1∶20

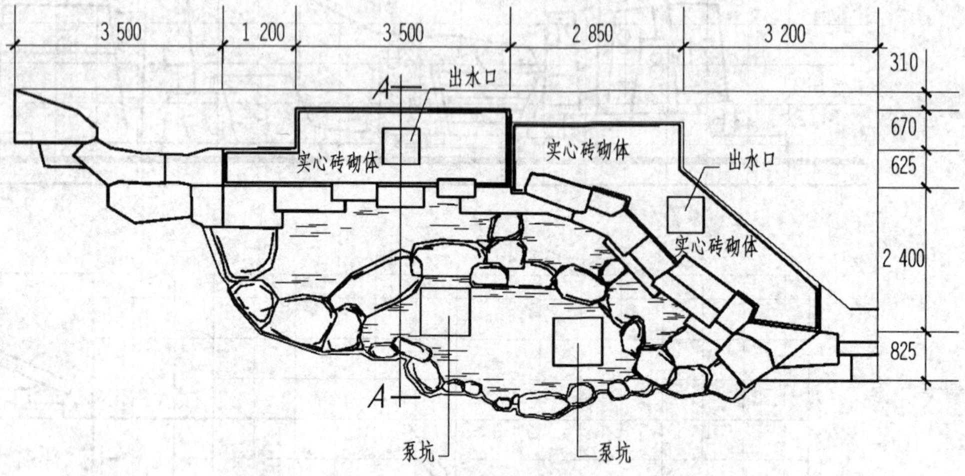

①假山叠水平面详图 1∶60

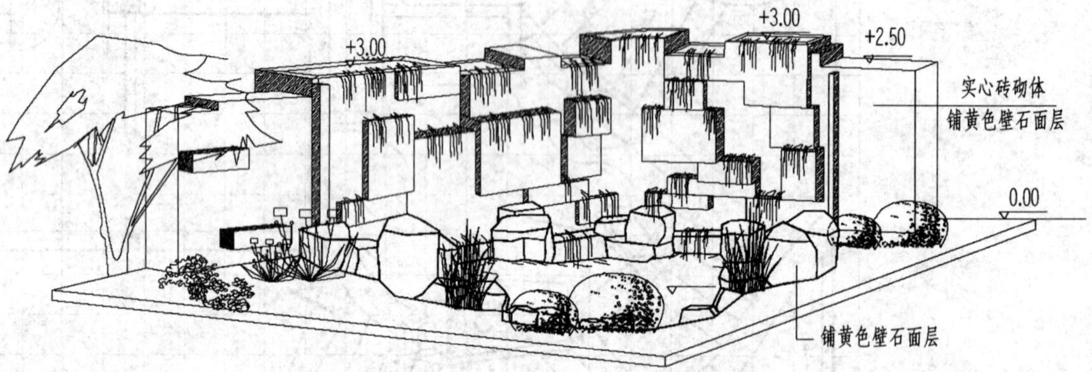

②假山叠水作法立面示意图 1∶60

二十二、园林给排水工程图

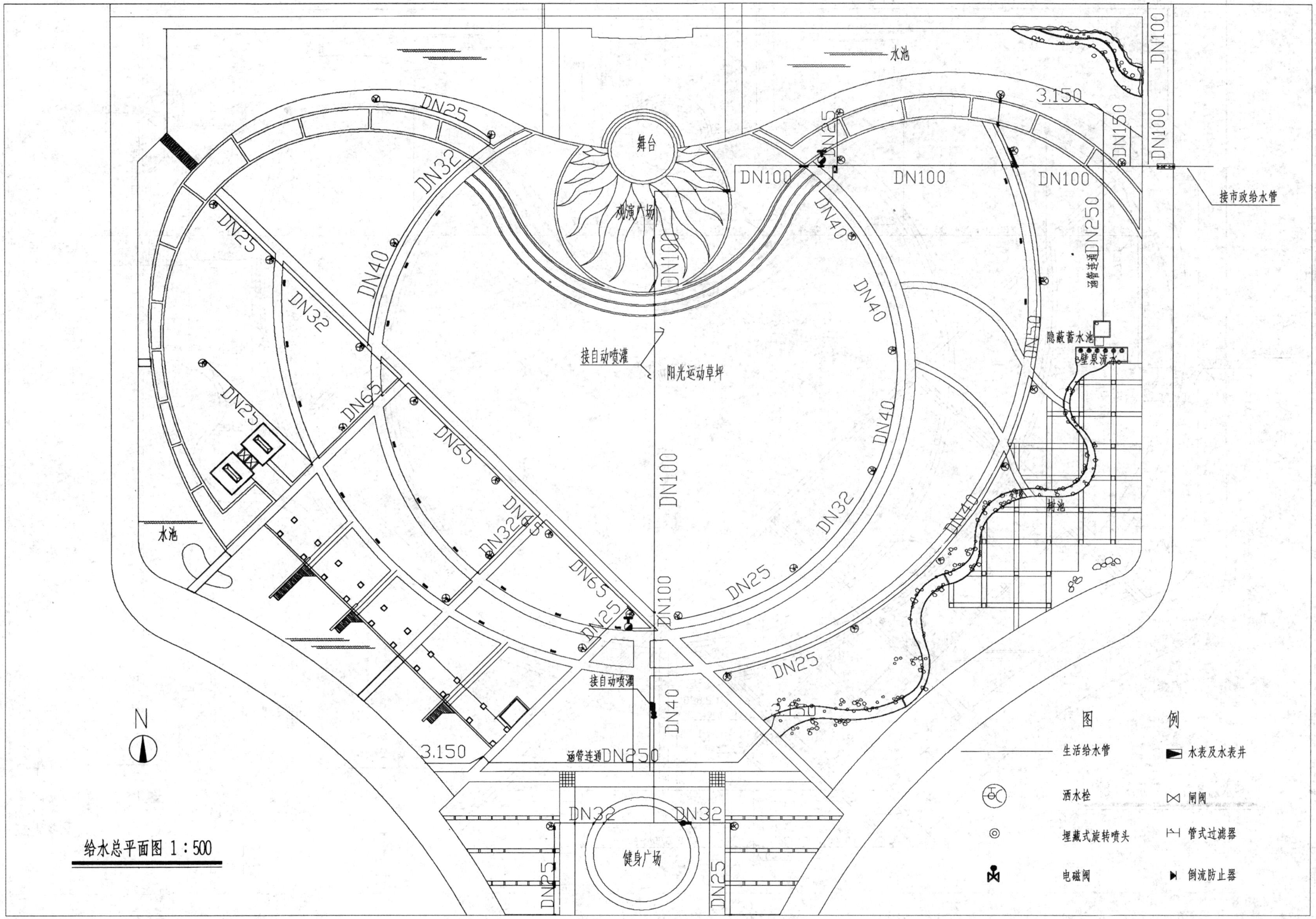

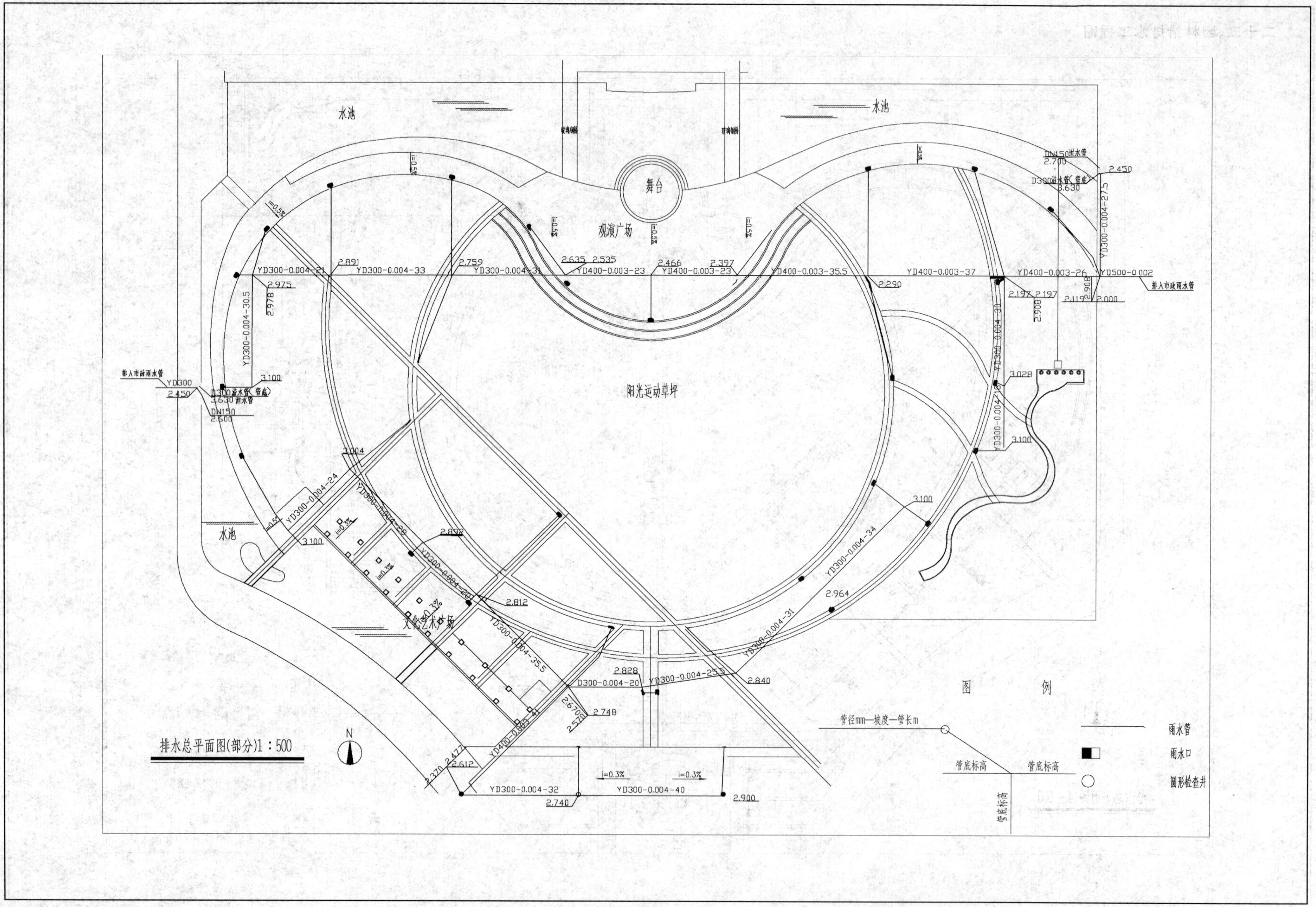
水池
水池
舞台
观演广场
阳光运动草坪
文化艺术广场
水池
排入市政雨水管
排入市政雨水管
YD300-0.004-21
YD300-0.004-33
YD300-0.004-31
YD400-0.003-23
YD400-0.003-23
YD400-0.003-35.5
YD400-0.003-37
YD400-0.003-26
YD500-0.002
YD300-0.004-30.5
YD300-0.004-27.5
YD300-0.004-24
YD300-0.004-34
YD300-0.004-31
YD300-0.004-25.5
YD300-0.004-35.5
YD400-0.003-41
YD300-0.004-32
YD300-0.004-40
DN150进水管
D300溢水管(管底)
i=0.3%
排水总平面图(部分)1：500
N
图例
管径mm—坡度—管长m
管底标高
管底标高
管底标高
雨水管
雨水口
圆形检查井

参考文献

[1] 常会宁.园林制图.北京:中国农业大学出版社,2007.
[2] 石宏义.园林设计初步.北京:中国林业出版社,2006.
[3] 吴机际.园林工程制图习题集.广州:华南理工大学出版社,2000.
[4] 张淑英.园林制图.北京:中国科学技术出版社,2005.
[5] 刘新燕.园林工程建设图纸的绘制与识别.北京:化学工业出版社,2005.
[6] 金熠.园林制图习题集.北京:化学工业出版社,2005.
[7] 董南.园林制图习题集.北京:高等教育出版社,2005.
[8] 毛家华,莫章金.建筑工程制图与识图习题集.北京:高等教育出版社,2000.
[9] 毛培林,朱志红.中国园林假山.北京:中国建筑出版社,2005.
[10] [美]贝尔托斯基著.闫红伟,李俊英,李斌欣,等译.园林制图初步.北京:化学工业出版社,2006.

图书在版编目(CIP)数据

园林制图习题集/常会宁主编.—北京:中国农业大学出版社,2008.7(2016.9 重印)
高职高专教育"十一五"规划教材
ISBN 978-7-81117-530-1

Ⅰ.园…　Ⅱ.常…　Ⅲ.园林设计-建筑制图-高等学校:技术学校-习题　Ⅳ.TU986.2-44

中国版本图书馆 CIP 数据核字(2008)第 100696 号

书　名　园林制图习题集
作　者　常会宁　主编

策划编辑　姚慧敏　陈巧莲　伍　斌　　**责任编辑**　张苏明
封面设计　郑　川
出版发行　中国农业大学出版社
社　址　北京市海淀区圆明园西路 2 号　　**邮政编码**　100193
电　话　发行部 010-62818525,8625　　读者服务部 010-62732336
　　　　编辑部 010-62732617,2618　　出　版　部 010-62733440
网　址　http://www.cau.edu.cn/caup　　**e-mail** cbsszs@cau.edu.cn
经　销　新华书店
印　刷　涿州市星河印刷有限公司
版　次　2008 年 7 月第 1 版　2016 年 9 月第 3 次印刷
规　格　787×1 092　8 开本　10 印张　237 千字
定　价　18.00 元